No.1決定トーナメント!!
妖怪
最強王
図鑑
Gakken

はじめに

日本は世界一の妖怪大国といえるだろう。太古の神代から現代に至るまで、日本で記録された妖怪は、およそ千種類におよぶ。そのうちのひとつ、河童だけでも300以上の別名があり、妖怪名の総数は多すぎて知りつくせない。河童以上に仲間の多い「鬼」は、古代では神々の一員であったが、人に病気や災厄をもたらし、恐れ忌み嫌われたので妖怪の一味とされた。さらに、恨みで鬼化した人や怨霊も鬼の一族となった。

仏教で魔物とされた天狗は、神に並ぶ神通力をもち超能力を発揮した。獣にすぎない猫や狐狸も、何十年も生き続ければ知恵を得て人を化かす。年を経た動植物は、妖力を得て変化へと生まれ変わるのだ。中国から日本に渡来した九尾の狐は、数千年生きた妖狐だった。

龍は雨を恵む水神だが、竜巻や洪水で災害をもたらす妖怪でもある。雪の精霊である雪女は雪という現象の化身で、彼女がもたらす風雪は誰にも止められない。精霊は無生物にも宿って命をもち、一反木綿のように自由自在に飛ぶことさえできる。

もし、そんな一癖も二癖もある妖怪同士が対決したら？　力と技、妖力と神通力、悪知恵と罠が繰り出され、想像もできない戦いが展開されるだろう。

ページをめくってほしい。そこには人知を超えた戦いがある。

―― 監修・多田克己

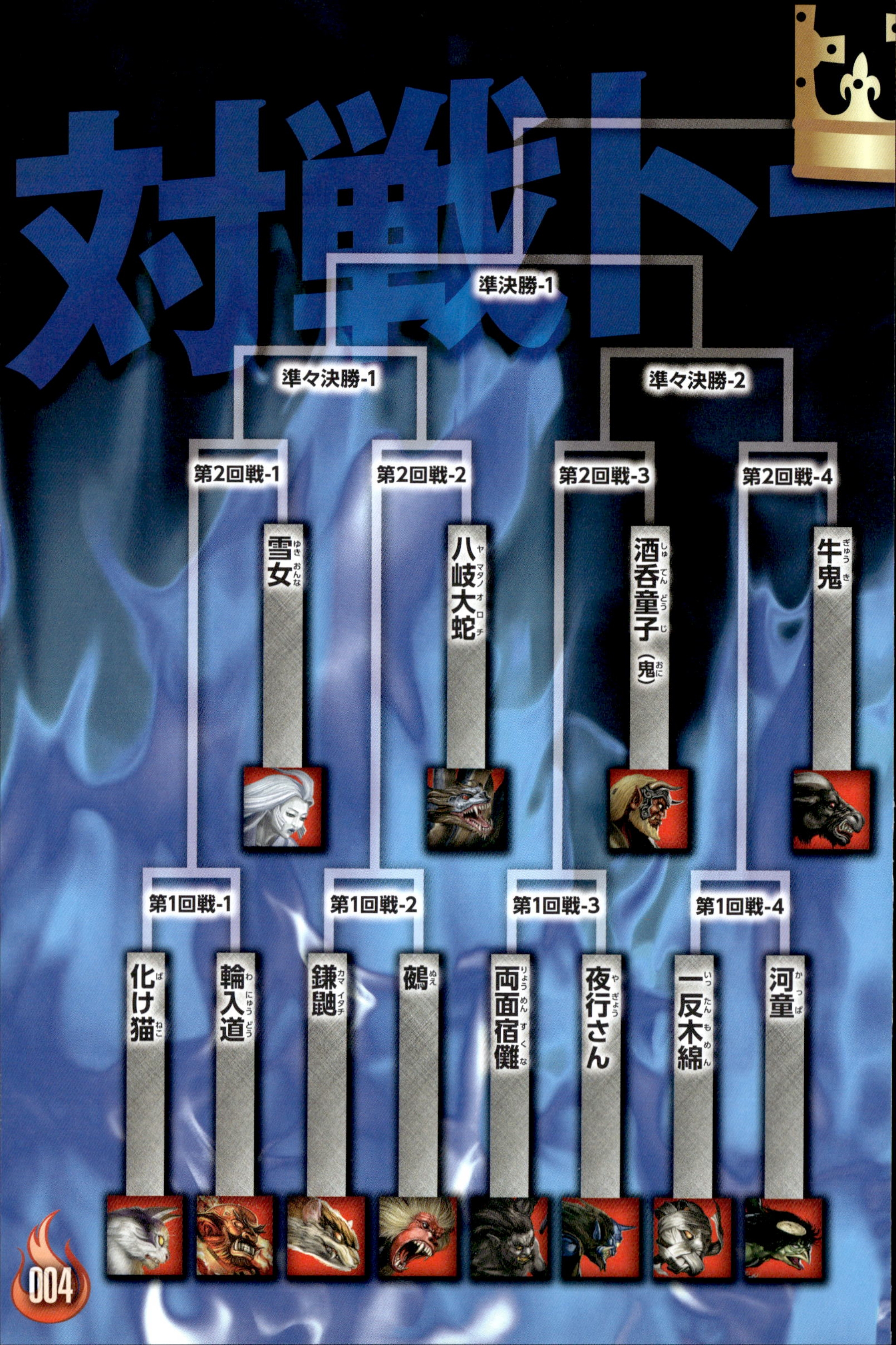

対戦ト
準決勝-1
準々決勝-1
準々決勝-2
第2回戦-1
第2回戦-2
第2回戦-3
第2回戦-4
雪女
八岐大蛇
酒呑童子(鬼)
牛鬼
第1回戦-1
第1回戦-2
第1回戦-3
第1回戦-4
化け猫
輪入道
鎌鼬
鵺
両面宿儺
夜行さん
一反木綿
河童

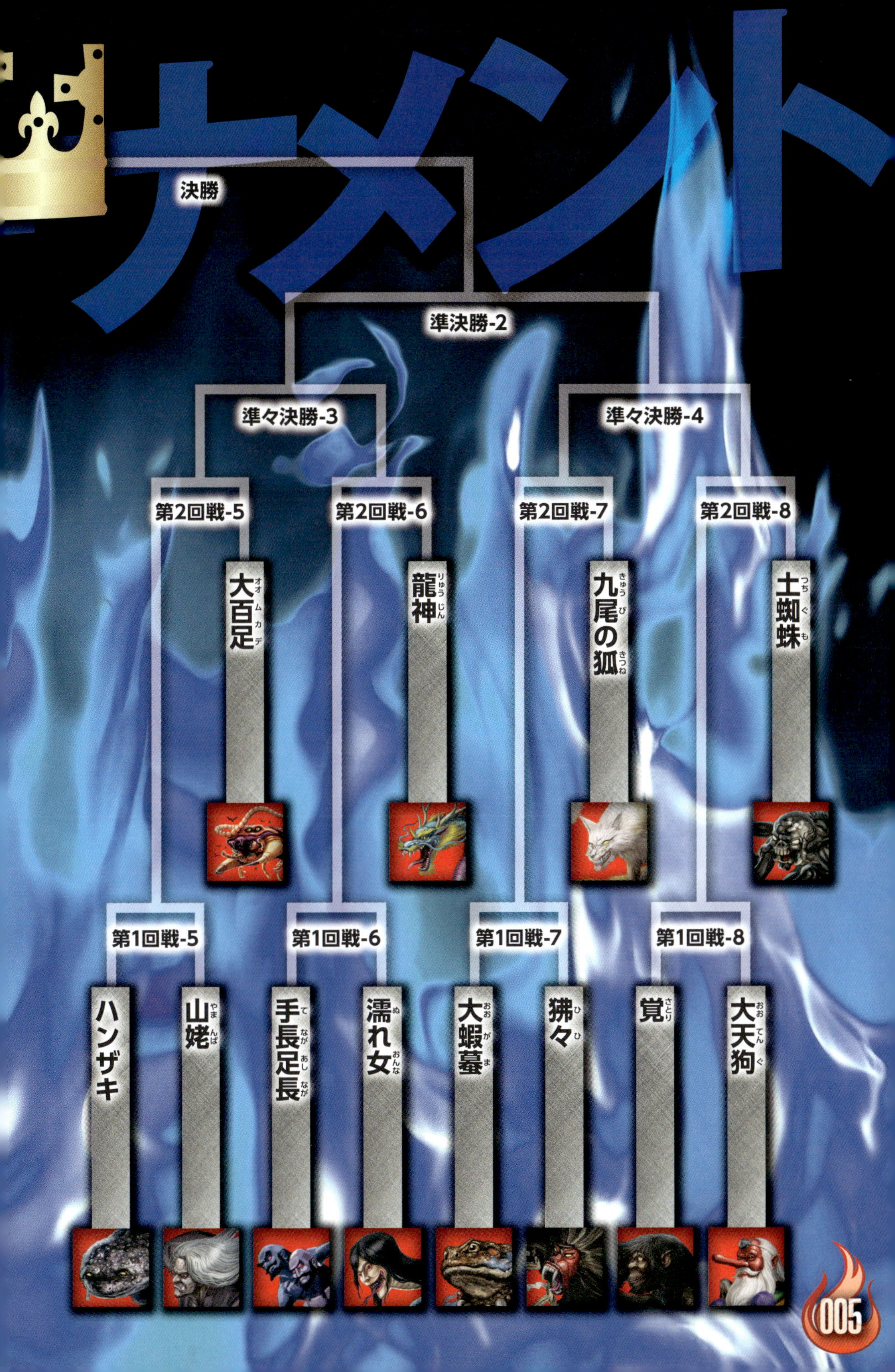

ナメント
決勝
準決勝-2
準々決勝-3
準々決勝-4
第2回戦-5
第2回戦-6
第2回戦-7
第2回戦-8
大百足（オオムカデ）
龍神（りゅうじん）
九尾の狐（きゅうびのきつね）
土蜘蛛（つちぐも）
第1回戦-5
第1回戦-6
第1回戦-7
第1回戦-8
ハンザキ
山姥（やまんば）
手長足長（てながあしなが）
濡れ女（ぬれおんな）
大蝦蟇（おおがま）
狒々（ひひ）
覚（さとり）
大天狗（おおてんぐ）

【1章】第1回戦

第1回戦-1
P.018
化け猫
VS
輪入道
第1回戦-2
P.022
鎌鼬
VS
鵺
第1回戦-3
P.026
両面宿儺
VS
夜行さん
第1回戦-4
P.030
一反木綿
VS
河童
第1回戦-5
P.036
ハンザキ
VS
山姥
第1回戦-6
P.040
手長足長
VS
濡れ女
第1回戦-7
P.044
大蝦蟇
VS
狒々
第1回戦-8
P.048
覚
VS
大天狗

第2回戦-1 P.060
ゆきおんな
雪女
VS
第1回戦-1
の勝者
第2回戦-2 P.064
第1回戦-2
の勝者
VS
ヤマタノオロチ
八岐大蛇
第2回戦-3 P.068
しゅてんどうじ おに
酒呑童子(鬼)
VS
第1回戦-3
の勝者
第2回戦-4 P.072
第1回戦-4
の勝者
VS
ぎゅうき
牛鬼
第2回戦-5 P.078
オオムカデ
大百足
VS
第1回戦-5
の勝者
第2回戦-6 P.082
第1回戦-6
の勝者
VS
りゅうじん
龍神
第2回戦-7 P.086
きゅうびきつね
九尾の狐
VS
第1回戦-7
の勝者
第2回戦-8 P.090
第1回戦-8
の勝者
VS
つちぐも
土蜘蛛

【3章】準々決勝

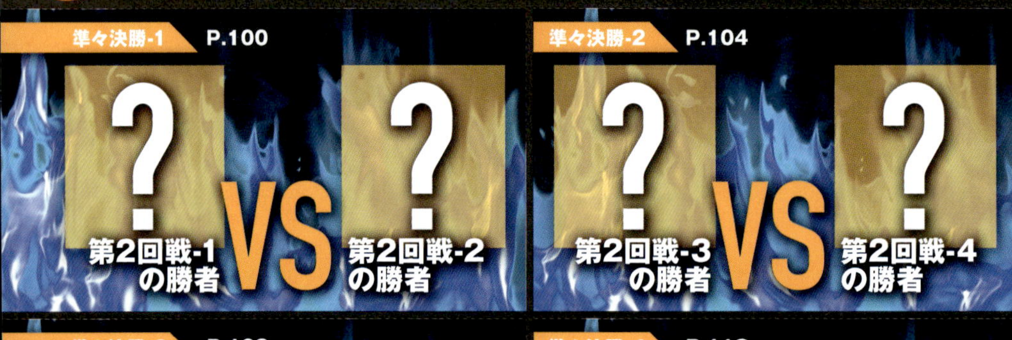

準々決勝-3 P.108

第2回戦-5の勝者 VS 第2回戦-6の勝者

準々決勝-4 P.112

第2回戦-7の勝者 VS 第2回戦-8の勝者

【4章】準決勝・決勝

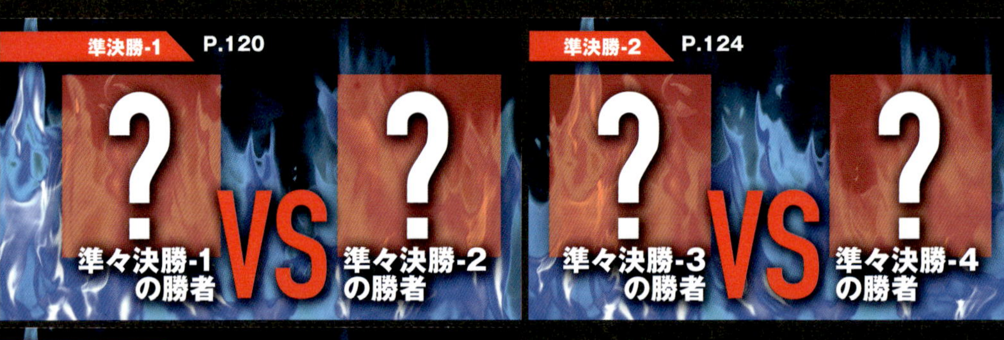

決勝 P.130

準決勝-1の勝者 VS 準決勝-2の勝者

コラム

妖怪コラム

ランキング

エキシビジョン

海坊主
イクチ
ダイダラボッチ

エキシビジョン-1 P.052
海坊主 VS イクチ

エキシビジョン-2 P.094
エキシビジョン-1の勝者 VS ダイダラボッチ

ルール

Rule 1 トーナメントの組み合わせは抽選により決定される。

Rule 2 トーナメントに出場する妖怪たちは、固有の妖怪（例：酒呑童子など）や、多数いる種の中で一般的な大きさの妖怪（例：河童、鎌鼬など）とする。

Rule 3 すべての戦いは、体格や体重、能力などに差があり、一方の妖怪が不利な対戦であってもハンデキャップは設けない。

Rule 4 戦いの舞台はどちらか一方のハンデにならないような環境に設定される。ただし戦闘開始後に、どちらかが自分の好む環境へと相手を誘い込むことは、認めるものとする。

Rule 5 戦いは極端な悪天候では行われないものとする。ただし、妖怪の能力から引き起こされる悪天候は、認めるものとする。

Rule 6 戦闘中の妖怪たちの行動範囲についての制限はない。

Rule 7 武器や道具のもち込みや数は、自由とする。

Rule 8 戦いは昼間、夜間問わず行われる。これによる妖怪への影響はなく、本来の能力が発揮できるものとする。

Rule 9 戦いは時間無制限で行われる。どちらか一方が戦闘不能になった時点で戦闘終了となる（戦略的逃走では、決着がついていないものとみなす）。

Rule 10 ベストの状態で力を比べるため、戦いで受けた傷や疲労は次の戦いまでに完治するものとする。

戦いの舞台について

草原や山、水中、さらには町や里などの人間の生活地さえも戦いの舞台となる。妖怪の能力が水場で発揮されるなどの特殊な事情がある際は、それを考慮し、水場と陸の間となる水辺を用意している。

妖怪の巨体が！ 能力が！
さまざまな場所でぶつかり合う!!

勝敗について

相手に戦闘を続けるのが不可能なほどの傷を負わせれば勝利。時間が経てば命を失うような重いケガを負っても、先に上記の勝利条件を満たした時点で勝者となる。

熱戦を制し優勝するのはどの妖怪だ!?

ページの見方

❶**ラウンド**：何回戦目かを表しています。　❷**戦う妖怪の名前**：複数の名前をもつ妖怪は、一般的なものにしています。妖怪の漢字が難しいものは、本文中ではカタカナやひらがなにしています。　❸**戦う妖怪の大きさ比較**：一般的な大人の男性（170センチ）、巨大な妖怪は信号機（約500センチ）、東京タワー（高さ333メートル）と比べています。　❹**伝承地域**（その妖怪の伝承が残っている土地）、**推定体長**（妖怪の伝承や、絵画を元に編集部独自で推測）、**出典**（妖怪の記述がある昔の書物）　❺**レーダーチャート**：それぞれの項目を10段階で評価しています（妖怪の伝承を元に、編集部独自の判断をしています）。これは妖怪としての能力で、人間の能力は0と1が基準です（下図、参照）。所有する武器や道具の能力は、数値に入っていません。　❻**初登場時**：妖怪の戦闘時の能力や、武器などを解説しています。／**2回目以降**：前回の戦いで、どのように戦っていたのかをプレイバックしています。

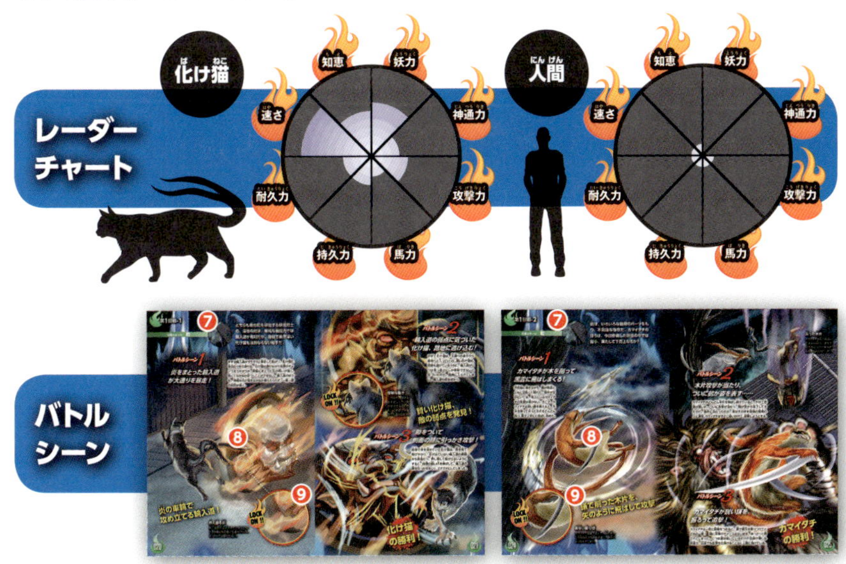

❼**戦う場所**：左ページにもあるように、2体の妖怪が不利にならない場所を設定しています。　❽**バトルシーン**　❾**ロックオン**：戦いにおいて注目したいポイントをピックアップしています。

日本の妖怪の基礎知識

妖怪とは、不思議な現象を起こす存在や、伝説の怪物などのことを指している。

妖怪はお化け？　神様？

まだ科学が発達していなかった昔は、本当に不思議なことも、ただの自然現象も、人間の理解を超えたものすべてが、ある意味、怪奇現象だった。それが悪いことならお化け、いいことなら神様と考えられた。さらに、悪い存在を祀って神様にしたり、逆に粗末にしてバチがあたったりと、立場が変わることもよくある。つまり、神様もお化けもじつは似たようなものなのである。それが今ではジャンル分けされ、お化け全般から、幽霊や神様などを除いたものだけを、「妖怪」と指すことが多くなったのだ。

山姥
▶人を襲う山姥以外に、福をもたらす山姥もいる。

龍神
▲水神として信仰され、湖や川で祀られている。

河童
▶キュウリが好きなのは、じつはお供えが由来だ。

妖怪はいつからいるのか？

古い日本人たちが考え、信じてきた存在なので、妖怪は神話ができた古代からいる。神話だけでなく、凶暴な怪物がいたとか、あの山は巨人が作ったとか、地方の古い伝説にもいろいろな化け物が登場する。また中世になると、実在の人物や史実を元にした物語がいろいろ生まれ、そこでも妖怪たちが敵役として登場していた。鬼や大蛇、天狗などの妖怪たちは、この頃から語り継がれていて、今もその名を轟かせている。いわば妖怪界のレジェンドなのである。

酒呑童子
▶平安時代から、鬼の大将として君臨するレジェンド。

八岐大蛇
▶日本神話に登場する、最古にして最大級の妖怪。

妖怪はどのような力をもつのか？

先述どおり、人間の理解を超えたものすべてが妖怪の仕業になりうるので、妖怪の特徴、能力は幅広い。天気や幻などはその典型で、ただ巨大なだけ、形が異様なだけでも妖怪となる。そんな妖怪たちの特徴をいくつかみてみよう。

身体的能力

手が長い、手が多い、目が一つなど、人間に近い姿をしているけれど、どこか違う特徴をもっている妖怪も多い。

両面宿儺
◀人間がふたり合体したように、顔がふたつ、腕が4本、脚が4本ある。

手長足長
▶手が長い巨人と、足が長い巨人のコンビだ。

天候

突然の大雨や大波、旋風、吹雪など、人間の命を脅かす自然現象は、妖怪たちの仕業と考えられた。だから、妖怪は天気の技が得意なのである。

大天狗
◀大風を起こしたり、空から石を降らせたりといった現象を引き起こす。

雪女
▶猛吹雪を発生させたり、冷気で人間を凍死させたりする。

化身・幻術

人間に変身したり、幻を見せる術で、人間を騙すのも妖怪の特徴。なにせ「お化け」なのだから、化けたり、化かしたりするのは真骨頂といえる。

化け猫
◀人間に化けて相手に近づき、隙を見て命を奪おうとする。

九尾の狐
▶美女に化けたり、幻術を使ったりして王や天皇などを騙した。

その他、特殊能力

蛇やムカデなど、もともと不気味な生物が異様に大きくなって、妖怪化することも多い。しかも、不思議な技まで身につけてしまう。

大蝦蟇
◀舌を伸ばして虫を食べるガマ蛙が巨大化すると、毒気まで吐くようになる。

大百足
▶凶暴で突進力もあるムカデが巨大化すると、神通力まで使えるようになる。

妖怪の大きさ

小さい〜少し大きい妖怪

トーナメントに参加した妖怪たちを、現在の日本人男性の身長と比較してグラフ化してみた（ちなみに、鎌倉時代〜江戸時代の成人男性の平均身長は155〜160cmくらい）。体長2m（200cm）を超えた大天狗から上の面々は、出くわすだけでもかなり怖い妖怪といえるだろう。

10m（1000cm）は徒歩7.5秒、約14歩分

※徒歩=1分で80m（111歩）基準

一反木綿
1060cm

土蜘蛛
800cm
（約700〜800cm）

ハンザキ
1000cm
（約800〜1000cm）

九尾の狐
600cm
（約500〜600cm）

牛鬼
500cm

両面宿儺
300cm

信号機
約500cm

酒呑童子（鬼）
500cm

大蝦蟇
400cm

狒々
300cm

巨大な妖怪

10m以上の、巨大すぎる妖怪たちの比較はこのとおり。龍神の50mや大百足の100mだと、かけっこでおなじみの長さとなるが、八岐大蛇はさらにでかい。さすが日本最古かつ最強格の妖怪である。

50m走や100m走の距離！

50mは徒歩37.5秒、約70歩分。
100mは徒歩1分15秒、約140歩分

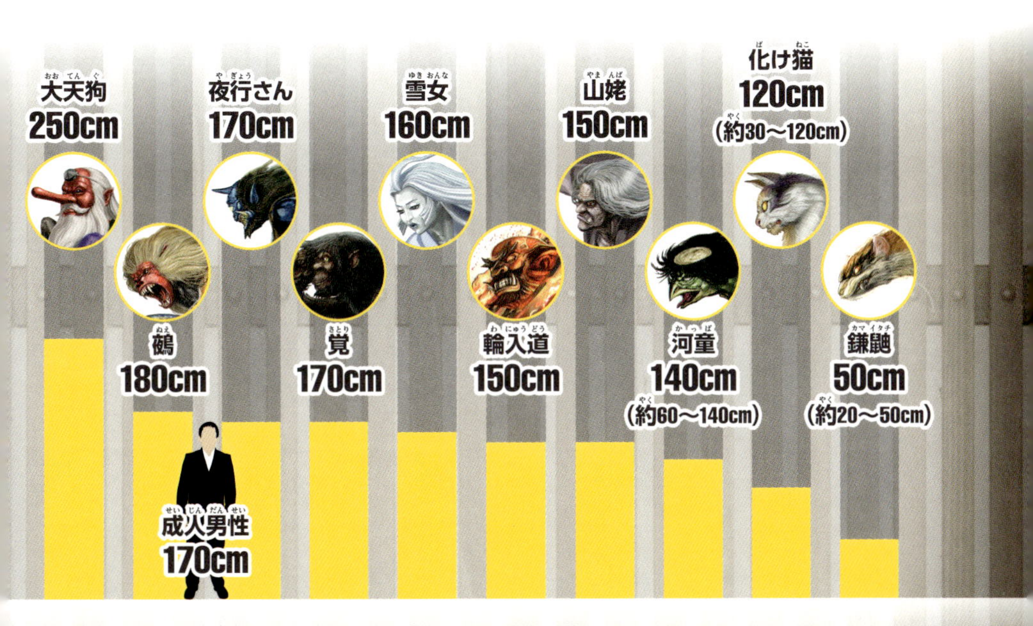

●本書に掲載した妖怪の戦闘は、すべてフィクションです。戦いを通して妖怪の性質・特長をわかりやすく、強さを明らかにすることを目的にした本です。

●妖怪の戦いは、記述に残っている妖怪の能力を考慮したうえで、編集部独自でシミュレーションしたものです。妖怪の能力も最近の研究結果をもとにしていますが、今後の研究結果により、新たな能力が発見される可能性もあります。

●「ランキング」はレーダーチャートの数値だけでなく、神話や伝承、文献の記述をもとに、所有する武器や道具の能力も含め、編集部独自の判断基準で順位を決定しています。

第1章
第1回戦

妖力を駆使して最後はガブリ

長生きしたり、殺されたりした猫が、妖怪に変化したもの。妖力をもち人間に変身する。人間並みの知恵ももっていて言葉を話したりする。執念深い性質なので、夜な夜な狙った相手を最後まで追い詰めて、祟り殺してしまう。また、猫としての身体能力も健在で、身軽さ、素早さで相手を翻弄したり、鋭い爪・牙で相手を殺したりする。人間を食べてしまうこともある。

1 人間も騙すほどの知恵

狙った相手を祟り殺すため、意外と頭を使ってじわじわ追いつめる戦法が得意。妖力で人間に化けたり喋ったりするので、相手も騙されやすい。

2 猫本来の鋭い牙と爪

妖怪になっても猫本来の野性はあるので、鋭い牙で相手に噛みついたり引っかいたりする。すばしっこいので、なかなか捕まらないのも特徴だ。

伝承地域……京都府

推定体長……150cm

出典……『今昔画図続百鬼』『諸国百物語』ほか

見たら死ぬ、深夜の暴走車

片方しかない牛車の車輪の中央に、恐ろしい表情を浮かべた男の顔がついているという不気味な妖怪。京都の町に毎晩のように現れては、ゴロゴロと通りを転がり続ける。そして、自分の姿を見た者の魂を抜いたり、その者の子どもを殺してしまったりするという。車輪は炎に包まれており、妖力が高いことをうかがわせる。また、人間の言葉を喋るので、知恵もある。

1 炎をまとい突進する攻撃力

車輪に炎をまといながら暴走しているので、もしぶつけられてしまえば相手はひとたまりもない。自分を見た人間の魂を抜いてしまうほど妖力も高い。

2 一晩中転がる体力自慢

片輪だけで、長い通りを一晩中転がり続けていられるというのだから、人より体力があるのだろう。当然、バランス感覚もよさそうだ。

対戦ステージ　町

どちらも夜の町を徘徊する妖怪同士の、深夜の対決。単純な戦闘力では輪入道が有利だが、身軽で執念深い化け猫も油断ならない相手だ。

バトルシーン1

炎をまとった輪入道が大通りを暴走！

まずは輪入道がガラガラと暴走して転がり、化け猫に体当たりを仕掛ける。化け猫は避けながら攻撃のチャンスをうかがうが、車輪にまとった炎の勢いが強く、熱くてなかなか近づくことができない。輪入道のほうも、身軽な化け猫をなかなか捕らえられず、一進一退の攻防が続く。

炎の車輪で攻め立てる輪入道！

LOCK ON !!

燃え盛る炎

輪入道の炎は消えることがないので、攻撃にも防御にも優れている。体当たりの攻撃力も強い。

バトルシーン2

輪入道の弱点に気づいた化け猫、路地に逃げ込む！

やがて化け猫は、大通りの途中から路地へと入っていった。賢い化け猫は、何度も避けているうちに、輪入道がじつは真っ直ぐにしか移動できないと気づいたのだ。路地に入られてしまい、輪入道も困るばかり。

俊敏な動き

化け猫も、猫特有のすばしっこい動きができる。しかも、どのような場所でも潜り込める。

賢い化け猫、敵の弱点を発見！

バトルシーン3

隙をついて側面の顔に引っかき攻撃！

路地で身を潜めていた化け猫は、隙を見て飛びかかり、炎が出ていない輪入道の側面から体当たり。押し倒して転がらないようにすると、自慢の鋭い爪を伸ばして、輪入道の顔を引っかきまくり、ズタズタにしてしまった。

化け猫の勝利！

鎌鼬（カマイタチ）

疾風の切り裂き魔

- 伝承地域 ……… 東北、関東、中部
- 推定体長 ……… 約 20 ~ 50cm
- 出典 ……… 『古今百物語評判』『耳嚢』『画図百鬼夜行』ほか

風に乗って鋭い鎌でスパッ！

旋風に乗って現れ、鋭い刃物で人間を斬りつける妖怪。人間にはその姿は見えないとされているが、昔から手足に鎌のような爪がついているイタチのような姿で描かれていた。斬られた本人も気づかないほどの早業で斬りつけるが、痛みも出血もないことが多い。しかし、血が出るほどの大怪我をしたり、死に至ったりする場合もあるので、カマイタチが本気になったら恐ろしい。

1 目にも止まらぬ猛スピード

旋風に乗って現れるが、猛スピードで駆け抜けていくので、その姿を肉眼でとらえた人はいない。妖怪の中でも、一二を争うスピードスターだ。

2 鮮やかすぎる斬り技

カマイタチに斬りつけられた人は、斬られたことにすら気づかないという。スピードもさることながら、技術が巧みで正確なのだろう。

※本文中は、「カマイタチ」表記にしています。

大きさの比較

分布

- 伝承地域 ………… 京都府
- 推定体長 ………… 180cm
- 出典 ………………『平家物語』『摂津名所図絵』ほか

不吉に鳴いて、病で弱らせる

頭が猿、胴体が狸、手足が虎、尻尾が蛇と、いろいろな動物のパーツからなる合体妖怪。夜中に黒雲とともに現れて、トラツグミという鳥に似た不吉な鳴き声で鳴く。この声を聞いていただけで近衛天皇は病気になってしまったというから、なかなかの妖力のもち主といえる。また、いろいろな動物たちのパーツをもっているだけに、野性のスピードと獰猛さはもち合わせていそうだ。

1 身を隠す黒雲を発生

鵺は夜中、黒い雲や煙とともに登場して、その身を隠してしまう。また空中の高い位置にいるので、地上の敵に対しては有利に戦えそうだ。

2 動物の能力、いいとこ取り

攻撃力は低めだが、猿の噛みつき、蛇の毒牙、虎の手足にある鋭い爪で引っかきと、それぞれの動物の能力を活かした攻撃ができるだろう。

対戦ステージ　町

鵺は、いろいろな動物のパーツをもつ、不気味な存在だ。カマイタチのほうは、今回参戦した妖怪の中では最小。果たして下克上なるか？

バトルシーン1

カマイタチが木を削って黒雲に飛ばしまくる！

不気味に鳴きながら、鵺が黒雲とともに空高くに現れた。相手が空中にいては、地上にいるカマイタチの攻撃は届かない。そこで、カマイタチは鋭い鎌を構えると、大木を削って尖った木片をどんどん作り、風で上空に飛ばし始めた。

鎌で削った木片を、矢のように飛ばして攻撃

LOCK ON !!

素早い斬り技

カマイタチは鎌の達人で、風に乗って両腕の大きな鎌を振るい、素早く斬り刻んでしまう。

尖った木片

カマイタチが削り飛ばした木片は鋭く、まるで弓矢のよう。さすがの鵺も、もんどり打った。

バトルシーン2

木片攻撃が当たり、ついに鵺が姿を表す……

カマイタチがどんどん木片を飛ばし続けていると、やがて悲鳴が轟いた。ついに攻撃が当たり、鵺が空から落下してきたのだ。急所に当たったのか、鵺はそのまま建物の屋根の上に激突。カマイタチはすぐに追いかけて、追撃しようとする。

バトルシーン3

カマイタチが鋭い鎌を振るって追撃！

カマイタチは一気に距離をつめると、鎌で喉元を斬りつけてとどめの一撃！　鵺に反撃のチャンスはないまま、あっさりと倒されてしまった。じつは鵺は鳴いているだけの見掛け倒しな妖怪で、伝承でも攻撃を仕掛けることなく人間に負けている。

カマイタチの勝利！

両面宿儺

顔がふたつある鬼神

- 伝承地域……岐阜県
- 推定体長……300cm
- 出典……『日本書紀』『千光寺記』ほか

8本の手足で攻撃できる武人

ふたつの顔、4本の腕、4本の脚をもつという変わった姿をした鬼神で、それぞれ反対側を向いている。左右の腰にそれぞれ剣を帯び、2張りの弓矢ももっているので、4本の手で複数の武器を使いこなすことができる。力もあって身軽なので、戦士としてはかなり優秀。伝承地域によっては、観音様の化身で、悪鬼や龍を倒した英雄ともいわれるが、妖力や神通力はあまり高くない。

1 数多くの武器を使いこなす

手足が4本ずつあるので、一度にたくさんの武器を使う戦法が可能。剣と斧を左右の手で振るいつつ、反対側の手で弓を放てば、攻撃力は絶大だ。

2 表裏の顔で背後に死角なし

表裏にそれぞれ顔がついているので、背後をとられることはない。ふいをつかれたとしても、臨機応変に対応できそうだ。

※本文中は、「両面すくな」表記にしています。

夜行さん

鬼と妖怪馬の名タッグ

- 伝承地域 ………… 徳島県
- 推定体長 ………… 一つ目鬼：170cm
- 出典 ………………『妖怪談義』民間伝承ほか

節分の夜に彷徨う一つ目鬼

　大晦日や節分など、決まった時期に現れる、髭を生やした一つ目の鬼。首のない馬に乗って、夜の町を徘徊するという。もし遭遇してしまうと、鬼に投げ飛ばされたり、馬に蹴り殺されたりしてしまう。地域によっては、一つ目の鬼だけ、首なし馬だけが現れているので、別行動することもあるのだろう。また、夜行さんが現れる日は妖怪が活発に動く日なので、妖力も高まっていそうだ。

1 首なし馬の強烈な蹴り

首なし馬は、姿を見た人間を容赦なく蹴り殺してしまうので、キック力は強烈といえる。首はなくても、妖力で敵の位置を把握できるようだ。

2 一つ目鬼は怪力自慢

一つ目鬼は、人間を投げ飛ばしてしまうという怪力のもち主。騎馬の機動力を活かしつつ、豪腕で日本刀を使って襲い掛かかる戦法は驚異的だ。

対戦ステージ　草原

サイズでは両面すくなのほうが大きく、攻撃力も高い。一方の夜行さんは、騎馬を活かした機動力があるので、見応えのある勝負になりそうだ。

バトルシーン1

夜行さんが馬との連携で猛攻！

夜行さんの首なし馬がスピードに乗って一気に距離をつめると、怒涛の攻撃を開始。馬が強烈なキックを繰り出せば、夜行さんも馬上から斬りかかるなど、どんどん押していく。武芸に秀でた両面すくなのほうも、手にもった武器で相手の攻撃を受け止めて、激しい斬り合いが続いた。

懐に入り、猛攻を仕掛ける夜行さん

首なし馬の脚力

自分の姿を見た人を一撃で蹴り殺す首なし馬。その脚力は抜群なので、油断できない。

両面すくなの裏側が
迎撃に成功
裏側の顔
両面すくなは、正面だけでなく裏側にも顔や胴体がある。実質、2体分の戦力をもつといえる。
バトルシーン2
背後から奇襲しようとする夜行さんを返り討ち！
攻めあぐねた夜行さんは、奇襲しようと大きくジャンプして、両面すくなの背後を狙おうとする。しかし、両面すくなは裏側にも顔と手足があった！ 裏側の顔が夜行さんの姿に気づくと、構えていた弓矢で返り討ちにしようとする。
両面すくなは夜行さんの返り討ちに成功すると、正面でもっていた剣で首なし馬のほうにも攻撃。首なし馬があばれた拍子に夜行さんは落馬して、首なし馬の下敷きになってしまった。身動きできない夜行さんに、両面すくなの剣が振り下ろされ、それがとどめとなってしまった。
バトルシーン3
落馬した夜行さんに、両面すくなが追撃
両面すくなの勝利！

長い体を活かして一気に襲撃

夕暮れから夜にかけて、大空を舞うといわれる布の妖怪。その長さは、名前のとおり1反＝約1060cm（10.6m）もある。ヒラヒラと飛んできたかと思ったら、突然、急降下して人間の首を絞めあげたり、顔をおおって窒息させようとしたり、体に包み込んで空に飛び去ってしまったりと、かなり凶暴である。単なる布とは思えないパワーを秘めているので、妖力も高いに違いない。

1 自在に飛ぶ飛行能力

空を飛ぶことができるので、空中戦が得意。急降下から地上の敵を一気に攻撃するなど、スピードを活かした戦い方も鮮やかだ。

2 締めつけ攻撃は強力

見かけによらず、人間を殺すだけの攻撃力がある。長い体をつかって敵をぐるぐる巻きにし、動けなくしてしまうのも恐ろしい戦法だ。

河童

川や沼に棲む水中戦の達人

- 伝承地域 ………… 沖縄県を除く各地域
- 推定体長 ………… 約60～140cm
- 出典 ………… 『遠野物語』ほか

近づく者を水中に沈める

主に川や沼といった、水辺に棲んでいる妖怪。背中には甲羅、手足には水かき、頭には水を貯める皿があり、泳ぎが得意である。近づいてきた人間を水中に引きずり込んで、溺れさせたり、肛門から尻子玉や内臓を抜き取って食べたりしてしまう。また、相撲が好きで、細い手足をしているものの、大人の人間よりも力がある。なお、両腕は体内で一本につながっているといわれる。

1 泳ぎも潜水も大の得意

泳ぎが達者なので、水中戦を最も得意とする。長い時間潜っていられるので、敵を水に引きずり込んでしまえば、河童が圧倒的に有利だ。

2 相撲で鍛えた腕っぷし

相撲好きな河童は、かなりの腕力自慢のよう。ただし、頭の皿の水が乾いてしまうと、力が出せなくなるので、皿の防御がカギとなる。

対戦ステージ　河原＆水中

空中戦を得意とする一反木綿と、水中戦を得意とする河童。舞台は河原なので河童が有利だが、一反木綿の戦い方次第でもつれるかもしれない。

一反木綿が急降下から一気に先制！

一反木綿は空中を飛び回り、河原にいる河童の様子をうかがっていた。河童も警戒して、岩場などに隠れていたが、ちょっとした隙を、一反木綿は見逃さなかった。一気に急降下すると、長い体でぐるぐるに巻き、河童を強烈に締め上げていった。

スピードを活かして、速攻で縛り上げる

LOCK ON !!

一瞬の締めつけ攻撃

一反木綿はその長い体を使って、締めつけるのが得意。攻撃速度も速いので、相手には脅威だ。

腕が外れて、締めつけ攻撃から脱出

バトルシーン2

奇策で危機を脱した河童

苦しむ河童は、なんとか右腕だけ布から抜くと、そのまま、ずるずるっと伸ばしていった。するとなんと、左腕のほうは短くなっていき、締めつけていた一反木綿の布が緩んだのだ。その隙に、河童は一気に脱出することができた。

腕の関節外し
河童の両腕は体の中で一本につながっているので、関節を外して引っ張れば、長さが変わるのだ。

バトルシーン3

怪力で、一反木綿を水中へ沈める

脱出に成功した河童は、一反木綿の体をつかむと一気に川の中へと引きずり込んだ。一反木綿は布の体が水に濡れて重くなり、動きが鈍くなっていく。なんとか逃げようともがくが、河童は怪力で離さない。ついに一反木綿は、溺れてしまった。

河童の勝利！

特殊な能力をもつ妖怪たち

トーナメントに出場した妖怪以外にも、
とっておきの特殊能力をもっている妖怪は多い。
ここではそんな、特殊な力をもつ妖怪を紹介しよう。

雷とともに天地を往復

雷獣

落雷とともに地上に降りてくる妖怪。その鋭い爪で、落雷した木を切り裂く。夕立雲を見つけ、飛び移って戻る際も雷が鳴るという。後ろ足が4本あるという説もある。

■伝承地域	北海道・沖縄県・九州を除く各地域
■推定体長	約60～95cm
■出典	『斎諧俗談』『駿国雑志』ほか

社を出ると、
暴風雨を起こす

一目連

暴風の神様、妖怪。一つ目の龍神で、住まいである社から出る際、大雨が降り、雷がしきりに鳴る。逆に、社の近辺は風がなくなる。

■伝承地域	三重県、愛知県、岐阜県ほか
■推定体長	不明
■出典	『和漢三才図会』『笈埃随筆』ほか

突然立ちふさがる透明な壁

ぬりかべ

夜道を歩く人の前に現れ、通せんぼする妖怪。壁のようなものがどこまでも続き、回り道できない。また、姿を見た者はいないが、『妖怪絵巻』には白い体の"怪獣"として描かれている。

■伝承地域　福岡県、長崎県、大分県ほか
■推定体長　不明
■出典　『妖怪談義』『妖怪絵巻』ほか

人間の肉だけ吸い取る

肉吸い

人間の肉を吸い取るという恐ろしい妖怪。18、19歳の美女に化け、夜遅くに提灯を灯して歩く人間に近づき、その肉を吸い取る。

■伝承地域　三重県、和歌山県ほか
■推定体長　145～150cm
■出典　『南方随筆』『百鬼夜講化物語』ほか

人に砂をかけるイタズラ好き

砂かけババ

人通りの少ない森や、神社の側などを歩いている人間に向け、砂をバラバラとかけて脅かす妖怪。姿を見た人はいない。

■伝承地域　兵庫県、奈良県ほか
■推定体長　不明
■出典　『妖怪談義』ほか

ほかには……

垢なめ

風呂桶などについた垢をなめとる妖怪。

べとべとさん

夜道を歩く人のあとをついてくる妖怪。

枕返し

夜中に、人の枕を足もとへひっくり返す妖怪。

ハンザキ

巨大な人喰い両生類

分布

大きさの比較

- 伝承地域 ……… 岡山県
- 推定体長 ……… 約800～1000cm
- 出典 ……… 岡山県北部地方の民間伝承

淵に近づく生物を捕食

両生類のオオサンショウウオは、岡山県ではハンザキと呼ばれており、この巨大な化け物は半分に裂かれてもまだ生きているほど生命力が強いことから、同じ名がついた。住処である淵の近くを人や牛馬が通ると、尾で淵に叩き落として、大きな口で呑みこんでしまう。昔、龍頭の淵に住んでいたハンザキは村の若者に退治されたが、その祟りで若者の家族がみんな死んでしまったという。

1 巨大な身体に大きな口

大きさが約10mもあるので、体当たりするだけでもかなりの攻撃力となる。また、口もかなり大きいので、牛も馬も丸呑みしてしまう。

2 なかなか死なない生命力

半分に裂けてもまだ死なないというから、生命力の強さはかなりのもの。持久戦になれば、敵をどんどん追いつめそうだ。

見た目も攻撃も怖い

山奥に住んでいるという老婆の妖怪。人を取って喰う恐ろしい化け物で、通りがかった牛方（牛で荷物を運ぶ職業）や旅人などを襲って、とことん追いかけ回す。家に旅人を泊めて、寝たところを襲うなど、ずる賢い面もある。武器は出刃包丁で、野山を駆け回るだけの体力や身軽さもあなどれない。そのほか、見た目上の特徴としては、目が鋭く、口が耳まで裂けている。

1 アスリート並みの足腰

見た目は年寄りだが、山の中でも狙った相手をとことん追いつめる。一流アスリート並みの体力があるといえる。

2 妖力・神通力が高い

よい山姥というのもおり、こちらの場合、穀物や宝物を生み出してくれるという。山の神の仲間で、もともと妖力や神通力が高いのかもしれない。

対戦ステージ　山中の池

ハンザキは8～10mと巨大な化け物で、生命力も強い。体格的に分が悪すぎるので、妖力や知恵が高い山姥の、機転に期待したいところだ。

バトルシーン1

山姥、ハンザキの巨体に猛攻！

池から現れたハンザキを発見した山姥は、武器である出刃包丁を構え、猛然と背中に突き立てた。しかし、ハンザキの皮膚はぬるぬるしていて滑ってしまう。しかもハンザキがあまりに大きく、包丁の刃が奥まで刺さらなかった。

山姥の出刃包丁がなかなか利かない！

鋭い出刃包丁

出刃包丁は、山姥が得意としている武器だ。いつもは、人間を襲うときに使っている。

バトルシーン2
足を滑らせた山姥を
ハンザキが丸呑み
しぶとく攻撃を続けていた山姥だったが、周囲の岩場がハンザキの皮膚のぬめりで滑りやすくなっていた。それに気づかず、山姥は思わず足を滑らせ、転んでしまう。すると、それを見たハンザキは大口を開けて、一気に山姥を呑み込んだ。
大きな口
ハンザキは頭も口もかなり大きいので、人や牛馬ならあっという間に食べてしまう。
あっという間に
ハンザキが山姥をひと呑み！
バトルシーン3
腹の中から切り裂いて
ついに山姥は脱出！
しばらくしてハンザキは、もがき苦しみ始める。山姥が腹の中で出刃包丁を振り回し、切りつけていたのだ。皮膚と違って腹の中は柔らかく、山姥の攻撃もかなり利いていた。そして、山姥は一気にハンザキをかっさばき、腹の中から完全に真っぷたつにした。
山姥
の勝利！

手長足長

長い手足の巨人コンビ

- 伝承地域……東北・中部・九州
- 推定体長……4000cm（合体して）
- 記述……『大日本国一宮記』『手長足長図』ほか

長い足で大移動、長い手で捕獲

体に比べて腕が異常に長い巨人・手長と、脚が異常に長い巨人・足長のコンビ。ふたりの関係は、兄弟、または夫婦という説もあり、足長が手長を背負い、手長が獲物を捕らえるなど、コンビネーションは抜群である。伝承によっては、旅人をさらって食べたり、船を襲ったり、天候を変えたりするなどの悪さをしていた。手足を伸縮できたという話もある。

1 長いリーチで一方的に攻撃

手足のリーチが長いので、敵の攻撃が胴まで届く前に、自分から一方的に攻撃できる。また巨人なので、体当たりだけでもかなりの攻撃力だ。

2 コンビの連携プレー

足長が手長を背負うと、前からも上からも敵を攻撃できる無敵の態勢となる。仲がよいコンビならではの、息のあった連携プレーもポイントだ。

濡れ女

体が長い蛇女

- 伝承地域 ………… 島根県
- 推定体長 ………… 8000cm（上半身は 1000cm）
- 記述 ………………『百怪絵巻』『画図百鬼夜行』ほか

海に近づく男性を食べる蛇女

海や川に現れる水辺の妖怪。顔は人間の女性で、体は大蛇という姿をしており、髪を洗っていたり、全身がいつも濡れていたりすることからその名がついた。人を喰うともいわれており、気に入った男性を見つけると、とことんつけ狙う。しかも海面から下に潜んでいる体の部分は何十ｍもあるので、巻きつかれたら最後、まず逃げることはできない。

1 蛇のように長い胴体

蛇のような胴体をしており、しかもかなり長いのが特徴。相手に巻きついてぐいぐい締め上げるだけでも、かなりの攻撃となる。

2 海辺での戦いは得意

海辺などに現れるため、水の中に棲んでいるといわれる。海蛇に似た身体をしており、泳ぎ、潜水はうまいはずなので、水中戦は得意だろう。

対戦ステージ　海辺
ふたりで全長40mの手長足長と、全長80mの濡れ女の、長身対決。海辺での対決だけに、濡れ女がやや有利かもしれない。
バトルシーン1
濡れ女が体を巻きつけて動きを封じる
海辺で上半身だけ見える濡れ女に気づき、足長が近づいてきた。濡れ女は振り向くと同時に、海の中に隠していた蛇の体を使い、足長の長い足をぐるぐる巻きにしてしまう。足を縛られた足長は、攻撃が届かず、大ピンチとなってしまう。
濡れ女、蛇のような体で強烈な締めつけ
LOCK ON !!
長い蛇の体
濡れ女の上半身は10mと足長より短いが、蛇のような下半身も全部含めると80mと圧倒的に長い。

相棒である手長の
ナイスアシスト
手長の長い腕
手長は腕が長いので、高い位置からなら、相手の頭上から不意打ちを加えられる。
バトルシーン2
相棒の手長が
間一髪、間に合う
もがく足長は、濡れ女にどんどん海に引きずり込まれていく。そこへ、足長の相棒である手長が駆けつけた。手長は、その長い腕で濡れ女に不意打ちのパンチを食らわせると、一気に足長を砂浜に引き戻し、救い出すのだった。
手長足長
の勝利！
バトルシーン3
手長足長の連携プレーで
怒涛の猛攻！
足長は合流した手長を肩に乗せると、長い手足を駆使して猛反撃を始めた。濡れ女も体を巻きつけて応戦するが、手長の長い手が邪魔に入るので、どんどん劣勢に。最後は手長足長が濡れ女を海から引きずり上げ、陸に叩きつけて勝利した。

大蝦蟇

岩のようなお化け蝦蟇

分布

大きさの比較

- 伝承地域 …… 山口県、新潟県ほか
- 推定体長 …… 400cm
- 出典 …… 『絵本百物語』『北越奇談』ほか

毒気や舌を駆使し、大物も丸呑み

人間が岩と間違って座ったこともある、巨大なガマガエルの妖怪。大きな口から虹色の毒気を吐き、エサとなる動物を弱らせてから食べてしまう。獲物が毒気を避けて逃げようとしても、大蝦蟇はネバネバの舌を瞬時に伸ばして包み込み、あっという間に呑み込むという。また、年を経て知恵をもち、長槍を武器にして、人間を襲ったという話もある。

1 巨体から繰り出す馬鹿力

蝦蟇はもともと、カエルの中でもジャンプ力が弱いほうである。その分、体自体が岩のように大きいので、パワーは抜群だろう。

2 舌を伸ばして敵を捕獲

カエル特有の瞬時に伸びる舌は、敵を捕獲するのに便利。丸呑みできない相手でも、毒気や手もちの槍でじわじわ弱らせることができる。

狒々

獰猛な豪腕ファイター

- **伝承地域** ………… 長野県、岐阜県、静岡県、岡山県 ほか
- **推定体長** ………… 300cm
- **出典** ………… 『妖怪談義』『和漢三才図会』ほか

大きさの比較

分布

ワイルドで女好きな大猿

山中に棲んでいる、大きな猿の妖怪。よく人間の女性をさらって、食べてしまう。性格はかなり獰猛で、屈強な体格から怪力を繰り出す。狸や普通の猿を素手で打ち殺したり、人間を投げ飛ばしたり引き裂いたりするという。身軽でスピードがあり、妖力で風雲を起こしつつ、その風雲に乗って山中を自在に飛び回ることができる。また、人間と会話できるほどの知恵もある。

1 怪力自慢の乱暴者

荒々しい乱暴者で、しかも屈指の怪力を有している。噛みつきや引っかきで攻撃するだけでも、敵にかなりの深手を負わせられる。

2 屈強なのに身軽

体格があり、体力も馬力も高め。一方で、見た目に反して、猿特有の身軽さは健在なので、敵を翻弄する戦法も得意だ。

対戦ステージ　山中の池

普通のガマガエルと猿の対決なら猿の圧勝だが、妖怪だとほぼ大きさは同じ。毒気を吐いたり、槍を使ったりする大蝦蟇にも勝機はある。

バトルシーン1

大蝦蟇が口から毒の気を吐いて先制

池の周りでにらみあう大蝦蟇と狒々。しかし、いつもは乱暴者な狒々の様子が、なんだかおかしい。じつは大蝦蟇は、最初からずっと、毒気を吐き続けていたのだ。それに気づかなかった狒々は、毒に冒されてフラフラし始めていた。

虹色の怪しい毒気で、狒々はフラフラ

LOCK ON !!

虹色の毒気

大蝦蟇は口から、毒気を吐く。たいていの動物は毒にまいって、フラフラになってしまうという。

俊敏な狒々が、回避に成功
身軽な動き
狒々は猿の妖怪なので、動きが身軽。瞬時に素早く動くので、敵も惑わされてしまう。
バトルシーン2
大蝦蟇の強烈な槍攻撃を狒々が間一髪かわす
大蝦蟇がじりじりと距離をつめる。狒々は毒のせいで力が抜け、ついに膝をついてしまう。そこを逃さず、大蝦蟇の槍が急所めがけて斬り込んでくる。しかし、身軽な狒々はなんとか、この串刺し攻撃をかわし、九死に一生を得た。
バトルシーン3
獰猛な狒々が大蝦蟇の口を引き裂く
大蝦蟇は慌てて追撃するが、徐々に毒が抜けてきた狒々は力を取り戻した。まともに戦えばどんどん狒々のペースとなり、引っかく、噛みつく、投げ飛ばす、と大暴れ。最後には、大蝦蟇の口を豪腕で引き裂いてしまった。
狒々の勝利！

覚 さとり

心の中を読む頭脳派

- 伝承地域……長野県、岐阜県
- 推定体長……170cm
- 出典……『荊楚歳時記』『今昔画図百鬼』ほか

読心術と巧みな話術で追いつめる

山の奥深く、もしくはふもとの森などに棲んでいる妖怪。色黒で、全身は毛むくじゃら、猿のような姿をしている。最大の特徴は相手の心を読むという特殊な能力で、漁師や木こりが火を焚いているときに、ふらりと近くに現れて「今、お前はこう思ったな」などと、考えていることを言い当ててしまう。そうして相手をおどして追いつめていき、隙を見て人間を取って喰おうとする。

1 完璧な読心術

相手の心の中を読んでしまうので、攻撃や作戦は全部丸わかり。相手の裏をかいたり、言葉で追いつめたりと心理戦に長けている。

2 猿のような俊敏さ

いつの間にか人間の近くに現れることから、猿のように俊敏で身軽なタイプと思われる。素早い動きで敵を翻弄し、隙を見て攻撃してくるだろう。

- **伝承地域** ……… 北海道・沖縄県を除く各地域
- **推定体長** ……… 250cm（高下駄なしで220cm）
- **出典** ……… 『今昔物語集』『御伽草子』『妖怪玄談』ほか

剣術も妖術も得意なオールラウンダー

山に棲む妖怪の代表格。山伏のような姿で、一本歯の高下駄を履き、背中の翼で空を飛び回る。神通力に長けており、天狗つぶて（石が空から降る現象）や天狗倒し（大木を切り倒すような不思議な音）、天狗の揺さぶり（山小屋や家をガタガタ揺する）といった怪異を引き起こすことができる。また、鞍馬山にいた天狗は、あの牛若丸（源義経）に剣術を教えるほど、武芸にも秀でている。

1 トップレベルの神通力

天狗の中でも大天狗は、神様のように偉い天狗のことを指す。神通力や知恵が抜群にあり、金縛りなどの術を駆使した攻撃力には目を見張る。

2 不思議を引き起こす羽団扇

大天狗がもつ羽団扇は、熱風、投石、放火、消火など、いろんな現象を起こす強力なアイテムだ。ほかにも、透明になれる隠れ蓑という道具もある。

対戦ステージ　山

妖力、神通力に優れる大天狗は、優勝候補の最有力だ。しかし、対戦相手の覚は心が読める特殊な妖怪だけに、油断はできない。

考えている攻撃を読んで、華麗に回避！

優秀な読心術

覚の最大の武器は、心の中を読む特殊な能力。相手の考えがわかってしまえば、回避は簡単だ。

石つぶて

天狗の石つぶては、空から石が降ってくるという不思議な技。攻撃力もかなり高いといえる。

バトルシーン1

大天狗の考えを読んで覚が避けまくる

さっそく大天狗は、羽団扇であおいで、突風を起こすなど、攻撃を仕掛ける。しかし覚は、大天狗の考えていることを読んで、攻撃を次々に回避してしまう。どんなに強力な攻撃でも、当たらなければ相手を倒せない。大天狗も少し疲れ始めた。

なかなか覚を捕らえられない大天狗は、神通力を高めて、大技のひとつ「天狗の石つぶて」を発動させる。空から無数の石が降ってくる怪現象が覚を襲うが、覚もこの攻撃は読んでいた。これもまた避けまくってやろうとしたのだが……。
天狗の神通力で、空から石が降ってくる！
バトルシーン2
大天狗の石つぶて攻撃が覚を襲う
バトルシーン3
覚、石の予想外な動きまでは読めず……
降ってきた石は木々に当たって角度が変わり、横や斜めからも飛んできた。覚は、予想外な自然の現象までは読むことができず、徐々に避けきれなくなっていく。そしてダメージも溜まり、集中も切れた頃、大きな石が覚を直撃するのだった。
大天狗の勝利！

エキシビション-1

イクチと海坊主は、どちらもあまりに巨大な妖怪なので、エキシビションとして対戦。沖合に住む巨大妖怪同士の対決に、海は大荒れ必至だ！

海坊主

船を沈める巨大な黒影

- 伝承地域……北海道、沖縄県を除く各地
- 推定体長……約700m
- 出典……『閑窓自語』『雨窓閑話』ほか

突如、現れる海の魔物

夜の海に現れる、坊主頭の黒い巨人。穏やかだった海面から突然出現し、船を破壊したり、沈めたり、船主をさらったりしてしまう。海坊主が出現するとき、天気が荒れることもある。大きさや姿は伝承によってバラバラだが、だいたい半身だけ海上に出てくる状態で、巨大なものでは数百mもあるという。群れをなして船を襲う海坊主、美女に化ける海坊主などもいる。

1 神出鬼没の巨体

何百mという巨体を誇り、海面を盛り上げたかと思うと、海水で一気に船を沈めてしまう。しかもいきなり海面に現れるので、予測不能だ。

2 嵐を発生させ、海も大荒れ

海坊主は出現する際、海を荒らしたり、嵐を発生させたりするという。巨体に似合わず、気象を変えてしまうほどの妖力をもっているようだ。

大きさの比較

分布

- 伝承地域 ………… 関東、近畿、九州
- 推定体長 ………… 約2km
- 出典 ……………… 『譚海』『耳袋』ほか

船にとっては迷惑な、長すぎる怪魚

船を沈没させてしまう、ウナギのように細長い海の妖怪。船を見つけると近寄ってきて、その船をまたいで通過する。ただ、体長があまりにも長すぎるので、通り過ぎるだけで何時間、下手すると2～3日もかかってしまう。また、体の表面にはネバネバした油が染み出ていて、船の上にこぼしていくので、漁師はこれを汲み出さないと船が沈没するという。

1 どこまでも続く長い体

巨大な妖怪はたくさんいるけれど、単位がkmの長さなのはほんの数体だけだろう。縄か紐のように細長い体だが、スタミナは申し分なさそうだ。

2 体から染み出るネバネバ

イクチの体の表面はウナギのようにぬるぬるしていて、ネバネバした油が大量に出ている。敵からすれば、つかみにくく戦いづらいだろう。

エキシビション-1

イクチ vs 海坊主

まずはイクチが先制し、長い体で海坊主に巻きつき始めた。しかし、海坊主が自在に海面に消えたり現れたりするため、なかなかとらえきれなかった。一方の海坊主も、表面の油のせいで、なかなかイクチをつかめずにいた。海面が大荒れのなか、海坊主はようやくイクチの頭をつかむと、そのまま一気に口の中へ。海坊主の底なしな胃袋へと、イクチはどんどんと呑み込まれてしまった。

海が大荒れとなった
イクチと海坊主の大死闘！
海坊主の勝利！

強い&怖いだけじゃない妖怪

妖怪って人間を襲うから怖い？　妖怪って乱暴者で、強すぎ？
それだけが妖怪ではない。中には気のよい妖怪や、
むしろ会ってみたい妖怪も多くいるようだ。

会えるとよいこともある妖怪

妖怪は、人間にとって不思議な能力、ケタ違いの強い力をもっている。その力は、人間にとって悪いだけでもなく、いい場合もある。「座敷童子」のように、不思議な力で家に幸福をもたらしてくれる妖怪もいたりするのだ。こんな妖怪だったら、みんなぜひ会ってみたいと思うのでは？

住みついた家を豊かにする
幸運の妖怪

座敷童子

古い家などに住みつく子どもの妖怪。その家の人にイタズラしたりするが、座敷童子がいる家は繁栄。見た人にも幸運が訪れるという。

■伝承地域　青森県、岩手県、宮城県ほか
■推定体長　約100cm
■出典　『遠野物語』『妖怪談義』ほか

重いけど、連れて帰ればお金もち？

おばりょん

夜、いきなり背中におぶさってくる妖怪。だんだん体が重くなるが、無事に家まで帰り着くと、大量の金になることもあるとか。

■伝承地域　東北地方、中部地方、中国地方
■推定体長　不明
■出典　『越後 三條南郷談』ほか

ほかには……

件
未来を予言する、人の顔をした牛。

コロボックル
漁が得意で、友好的な小さな精霊。

貘
長い鼻から悪夢を食べる妖怪。

少し驚くけど、ほとんど実害なし

妖怪はどれも見た目が奇妙なので、出会うとこっちが驚くことが多い。でも中には、「一つ目小僧」のようにただ驚かせるだけのイタズラ者だったり、「ろくろ首」のように人間に危害を加えることのない連中もいたりする。妖怪だから絶対に怖いなんてことはなく、話してみたら意外といいやつで、友だちになれちゃうかもしれない。

寝ている間に首がニョロニョロ

ろくろ首

夜中寝ていると、首がどんどん伸びていく妖怪。目が覚めると首は元に戻っていて、本人も伸びていることに気づいていない。

■伝承地域	関東地方、近畿地方、四国地方
■推定体長	約145cm
■出典	『蕉斎筆記』『和漢三才図会』『甲子夜話』ほか

大きな一つ目の小坊主

一つ目小僧

顔の真ん中に大きな目が一つだけある子どもの妖怪。突然、現れて人間を驚かすだけで、危害を加えることはない、イタズラ者だ。

■伝承地域	東北地方、関東地方、中部地方、滋賀県
■推定体長	約130cm
■出典	『怪談老の杖』『会津怪談集』ほか

見た目がユニークな傘のお化け

から傘お化け

昔の傘に、一つ目、一本足がついている妖怪。腕があったり、長い舌を伸ばしたりすることもある。人間を襲うことはない。

■伝承地域	東京都（江戸）
■推定体長	約100～140cm
■出典	『百鬼夜行図巻』『百種怪談妖物双六』ほか

なぜか豆腐をもって町をうろうろ

豆腐小僧

竹の笠をかぶり、豆腐を乗せたお盆をもって歩く子どもの妖怪。町のあちこちに現れるが、悪さをすることはない。

■伝承地域	不明
■推定体長	約120cm
■出典	『狂歌百物語』『妖怪仕内評判記』ほか

ランキング-1

攻撃力・馬力

トーナメントに参加した妖怪たちの、攻撃自体の大きさと、単純なパワーをランキング。一番力がある妖怪はどれだ？

攻撃力ランキング TOP10

1 龍神
体そのものが大きいので、鋭い爪や牙による攻撃は破壊力がある。さらに神通力ももつ。

2 八岐大蛇
大きさNo.1の体はもちろん、たくさんの首や尾を振り回すだけでも威力はものすごい。

3 大百足
無数にある足を使って、巨体で突進してくる攻撃性がもち味。強靭なアゴもポイント。

4 大天狗
5 酒呑童子（鬼）
6 両面宿儺
7 牛鬼
8 狒々
9 手長足長
10 鎌鼬

馬力ランキング TOP10

1 八岐大蛇
なにせ山のような巨体から繰り出されるだけに、もっているパワーはケタ違いである。

2 大百足
山のような巨体から出てくるパワーはもちろんのこと、無数の足を使った機動力もある。

3 龍神
龍神も巨体で、パワー自体は大きい。しかも空を飛べるから、優位に戦いやすい。

4 牛鬼
5 手長足長
6 酒呑童子（鬼）
7 土蜘蛛
8 濡れ女
9 狒々
10 両面宿儺

第２章
第２回戦

● 伝承地域 ……… 東北・関東・中部・近畿 ほか
● 推定体長 ……… 160cm
● 出典 ……… 『宗祇諸国物語』『怪談』ほか

冷たい息で人間を凍死させる美女

吹雪とともに現れるという、雪を操る妖怪。一見すると普通の人間だが、雪山でも薄手の白い着物だけで平気である。口から冷たい息を吹きかけて人間を凍死させたり、精気を吸い尽くしたりしてしまうことも。ときには雪に埋もれさせたり、谷底に突き落としたりと、容赦がない。人間に優しい場合もあるが、約束を破った者は絶対に許さず、怒らせると怖いタイプといえそうだ。

1 吹雪を起こす冷凍攻撃

風や雪を操ったり、冷気を吐いたりといった、冷凍攻撃を得意としている。体温もぞっとするほど低く、雪の精という説もあるほど。

2 人間に化ける高い妖力

もともと人間に近い姿をしている雪女だが、普通の人間に変身する能力をもつ。しかし何年経っても老いることがなく、若く美しいままだ。

- 伝承地域 ……… 北海道を除く各地域
- 推定体長 ……… 約30～120cm
- 出典 ……… 『花嵯峨野猫魔碑史』『有松染相撲浴衣』ほか

前回の戦い VS 輪入道

輪入道の突進攻撃を、身軽な化け猫は鮮やかに回避する。燃え盛る炎のせいでなかなか近づけなかったが、やがて化け猫は輪入道の動きが直線的だと気づいた。そして脇道に逃げ込むと、隙を見て横から押し倒すことに成功。すぐさま、自慢の鋭い爪で輪入道の顔を引き裂き、勝利した。

P.020

対戦ステージ　里のはずれ

雪女は、妖力・神通力が高く、化け猫も、まともに戦うのはやや大変。頭を使って勝ち上がった化け猫だけに、作戦を考えたほうがよさそうだ。

バトルシーン1

化け猫、敵を油断させる作戦に出る

雪女を油断させようと、化け猫は小さな人間の女の子に化けてやってきた。すでに冷気を漂わせ、戦う気マンマンだった雪女は、弱そうな相手を見て、拍子抜けしてしまう。化け猫少女は、そんな雪女の表情を見て、徐々に距離をつめていく。

変身の術

化け猫は、人間に化けるのが得意。女性や子どもなどに変身し、相手を油断させてから攻撃する。

バトルシーン2

一瞬の隙をついて化け猫が奇襲！

女の子として振る舞いながら接近した化け猫は、雪女の一瞬の隙をついて化け猫の姿に戻って飛びかかった。鋭い爪で、雪女の顔に引っかき攻撃をくらわせることに成功した。しかし、雪女もなんとか振り払ったので、決定打とはならなかった。

化け猫、得意の引っかき攻撃！

鋭く長い爪

鋭い爪は、化け猫の強力な武器となる。しかも身軽で素早いので、相手の頭もすぐに攻撃できてしまう。……

雪女の勝利！

バトルシーン3

雪女、怒りの猛吹雪！

綺麗な顔を傷つけられ、怒った雪女は神通力を高めると、一気に雪雲を起こす。そして、あっという間に、猛吹雪を発生させた。一方の化け猫は、妖怪といえど猫なので寒さには弱かった。どんどん動きが鈍くなり、ついには氷漬けにされてしまった。

鎌鼬（カマイタチ）

疾風の切り裂き魔

分布

大きさの比較

- 伝承地域……東北、関東、中部
- 推定体長……約20～50cm
- 出典……『古今百物語評判』『耳嚢』『画図百鬼夜行』ほか

前回の戦い VS 鵺

鵺は空中高くに現れたが、黒雲の中に隠れていて、地上にいるカマイタチは攻めあぐねていた。そこで木を削って尖った木片を作り、風に乗せて飛ばす作戦に出る。見事に木片は命中し、鵺は建物の屋根に落下。すぐに駆けつけると、喉元に一気に突き立てて勝利をものにした。

P.024

日本最古の妖怪は、デカすぎる大蛇

日本の神話に登場する最も古い妖怪のひとつ。名前に八の字があるとおり、8つの頭と8本の尻尾をもった大蛇で、横たわると8つの丘と8つの峰にわたったというほど巨大な体をしている。背中には、松や杉の木などが生えていたという。しかも年に一度若い娘を生贄として喰っており、かなり凶暴。攻撃、防御、体力と、弱点のない強者といえる。

1 山のように巨大な体

山のように巨大な体をもつヤマタノオロチは、動くだけでもかなりの攻撃となる。持久力や防御力も最大級なので、まともに倒せる相手ではない。

2 8つの頭と尾による猛攻

8つの頭をもつので、いろんな方向から怒涛の攻撃を繰り出すことができる。また、尾も8本あるので、あらゆる方向からの攻撃にも対応できる。

※本文中は、「ヤマタノオロチ」表記にしています。

対戦ステージ　山

見掛け倒しだったとはいえ、自分よりも大きな体の鵺を倒したカマイタチ。優勝候補のヤマタノオロチが相手だが、今度も大金星なるか!?

バトルシーン1

木を削って飛ばしまくるカマイタチ

体格差があるせいか、ヤマタノオロチはカマイタチがいることにまったく気づいていなかった。カマイタチはチャンスと見て、鵺のときと同じく、木を削って尖った木片を無数に作り、風に乗せてヤマタノオロチの目をめがけて飛ばしまくった。

カマイタチの木片攻撃がヤマタノオロチの頭部を襲う！

華麗な鎌捌き

カマイタチは、鎌を扱う技なら誰にも負けない。斬る速さも、斬り口も、鮮やかである。

ヤマタノオロチ、小さなカマイタチを発見

巨大すぎる体

ヤマタノオロチは背中に木を生やすほど巨大。カマイタチも、そこが敵の背中だとは気づかなかった。

バトルシーン2

たくさんの頭部がカマイタチを包囲する

攻撃を受けたヤマタノオロチは8本もの頭部を一斉にもたげ、周囲を警戒した。小さすぎてなかなか見つけられなかったが、なんとカマイタチは、ヤマタノオロチの背中の上にいたのだ。たくさんの頭部がカマイタチを囲み、にらみつける。

ヤマタノオロチの勝利！

バトルシーン3

ヤマタノオロチ、首をひと振りしてカマイタチを撃退！

怒ったヤマタノオロチは巨体を揺らして、背中の地面ごとカマイタチを思いっきりはねあげた。あまりのパワーに、カマイタチはなすすべなく空中に放り投げられてしまう。そして、ヤマタノオロチの首のひと振りで、一気に遠くまで弾き飛ばされてしまった。

酒呑童子（鬼）

鬼の軍団を統率するボス

- 伝承地域……新潟県・滋賀県・京都府
- 推定体長……500cm
- 出典……『御伽草子』『大江山』『大江山酒呑童子絵巻』ほか

京の都で暴れた凶悪な大鬼

鬼は腕っ節が強く、体格もマッチョ、性格も乱暴という、三拍子そろった強い妖怪。そんな鬼の中でも、最強の鬼がこの酒呑童子である。彼は平安時代の京都で暴れまわった鬼軍団のリーダーで、人間を食べたり、娘をさらったりと悪業の限りを尽くしていた。しかも強いだけでなく、幼い頃から知能と体力に優れていて、妖術も身につけているという。まさに、無敵の優勝候補といえる。

1 剛腕を誇る、超荒くれ者

鬼の一族は体が大きく、重たい金棒を軽々と振り回すほど力がある。しかも暴れん坊で、人間をひと口で食べるような恐ろしい妖怪だ。

2 じつは妖力も知恵も高い

鬼の中には変身したり、幻を見せたりといった怪しい術を使う者もいる。酒呑童子も、そんな妖術を習得した頭のいい鬼だ。

大きさの比較

分布

- 伝承地域 ………… 岐阜県
- 推定体長 ………… 300cm
- 出典 ………………『日本書紀』『千光寺記』ほか

前回の戦い VS 夜行さん

P.028

首なし馬に乗る夜行さんは、機動力を活かして猛攻を仕掛けてきた。しかし両面すくなも武芸に秀でていて、なかなか攻め込めない。そこで背中に奇襲を仕掛けるが、両面すくなの裏側にある体がこれを返り討ち。作戦に失敗して馬の下敷きとなった夜行さんを、一気に討ち取った。

対戦ステージ 山

一度に扱える武器が多いだけでなく、武芸にも秀でた両面すくな。一方の酒呑童子も腕には自信があるので、剣戟の真っ向勝負となりそうだ。

バトルシーン1

両面すくな、まずは手数で圧倒する

まず先制したのは、両面すくな。正面の両手で剣と斧をもって斬りつけ、ぐいぐいと攻め立てた。その間、両面すくなの裏側の手では、弓矢で援護射撃を放っていく。手数で勝負することで、体格で勝る酒呑童子を抑えようという作戦だ。

多彩な武器

両面すくなは、4本の手それぞれに違う武器をもつことで、さまざまな攻撃を同時に繰り出せる。

バトルシーン2

パワフルな攻撃で押し返す酒呑童子！

しかし、酒呑童子も剣術は心得ており、両面すくなの剣や斧の攻撃も見事にさばいている。今回の武器は金棒だが、ぶん回したり、突いたりするだけでも、かなり攻撃力がある。両面すくなもこれをかわし、一進一退の真剣勝負が続いた。

酒呑童子も、一歩も引かず応戦！

巨大な金棒

金棒は、鬼の有名な武器のひとつだ。重量もあるので、直撃を喰らえばひとたまりもない。

バトルシーン3

頑丈で、体力もある酒呑童子が競り勝つ！

酒呑童子の勝利！

長引いた勝負も、徐々に酒呑童子の優勢となっていく。何本もの矢を受けてもものともしない鉄のような頑丈な体をもつ、体力もある酒呑童子は、いつまでも元気に暴れている。一方、両面すくなのほうは疲れが見えてしまい、最後は酒呑童子に力負けした。

河童

川や沼に棲む水中戦の達人

分布

大きさの比較

- 伝承地域 ………… 沖縄県を除く各地域
- 推定体長 ………… 約60～140cm
- 出典 ………… 『遠野物語』ほか

前回の戦い VS 一反木綿

P.032

空中にいる一反木綿は、地上にいる河童の隙をついて急降下。長い体で相手をぐるぐる巻きにすると、強烈な締めつけ攻撃を仕掛けた。しかし河童は肩の関節を外して腕の長さを変え、布が緩んだところから脱出。そして怪力で相手を一気に水中に引きずり込み、溺れさせてしまった。

- **伝承地域**………中部・近畿・中国・四国
- **推定体長**………500cm（人間体は160cm）
- **出典**………『画図百鬼夜行』『大事記』『妖怪談義』ほか

人間を喰う獰猛すぎる怪物

牛の部位をもった鬼。伝承によって姿がバラバラで、頭が牛、首から下が鬼。もしくは頭が牛の角が生えた鬼。首から下が蜘蛛という絵巻に描かれた姿も有名である。どの牛鬼も、人間や家畜を喰い殺す獰猛な性格をしていて、海岸や淵などの水辺に棲むことが多い。力が強いのはもちろん、人間の影を食べたり、洪水を起こしたり、人間に変身するなど、妖力や神通力が高い。

1 牛のような強力なパワー

牛鬼は人間だけでなく、牛や馬などの家畜も食べてしまう。それだけ体が大きく、力もあるということなので、攻撃・防御ともに優秀。

2 妖術や神通力で人を惑わす

伝説によっては人間に変身したり、影を舐めるだけで人間を病死させたりしてしまうという。妖力も高いので、攻め手は意外と多そうだ。

対戦ステージ 山中の池

山中の池が舞台なので、水中戦が得意な河童にとっては有利だ。しかし、牛鬼は大きさもパワーも格段に上なので、油断はできない。

バトルシーン1

河童が、からかって挑発する作戦に出る

大きな体をした牛鬼を見た河童は、重くて鈍そうな相手だと思った。そこで、からかって怒らせ、池に引きずり込んで溺れさせる作戦に出た。石を投げたり、バカにしたりといった河童の挑発行動を受け、怒った牛鬼は猛然と突進した。

いたずら好き

河童はいたずら好きな性格だという。人間をからかって怒らせたりするのは、お手の物だ。

バトルシーン2
自慢の怪力で、
水中に引きずり込む
牛鬼を池の近くまで誘いこんだ河童は、池の中に入ると、馬鹿力で牛鬼を引き込み始めた。驚いた牛鬼も抵抗するが、焦ったのか足を滑らせてしまう。そこを逃さず、河童は牛鬼を一気に池の中に引きずり込んだ。
河童、池の中へ一気に引きずり込む！
LOCK ON !!
引っ張る力
河童の、水中に引きずり込む力はすごい。相撲で鍛えた力が、ここ一番で発揮された。
バトルシーン3
水中も得意な
牛鬼が、
力で圧倒！
ところが、水中戦は牛鬼が優勢だった。じつは牛鬼はもともと水中に棲む妖怪で、溺れることなく、水中でも豪腕を発揮する。河童の作戦は大失敗だった。まともに攻撃を受けては河童に勝ち目はなく、牛鬼の力にねじ伏せられてしまった。
牛鬼の勝利！

定番だけど妖怪とは違うもの

妖怪はお化けともいうが、「お化け」とは、普通と違うもの全般を指す。だから、名前はよく聞くけれど、じつは妖怪のようで妖怪じゃないなんてものもけっこういる。そんな、妖怪っぽい連中を集めてみた。

古典などの“お化け”

古典怪談に登場するお岩さんやお菊さんは、妖怪ではなく「幽霊」と呼ばれるものだ。幽霊とは死んだ人間の魂が、あの世に行けず、さまよっている状態のこと。一見、人間の姿と変わらないが、実体がない。お化けという大きなくくりでは、妖怪も幽霊も同じだが、死んだ人間の魂だけ特別に「幽霊」といって区別することが多い。

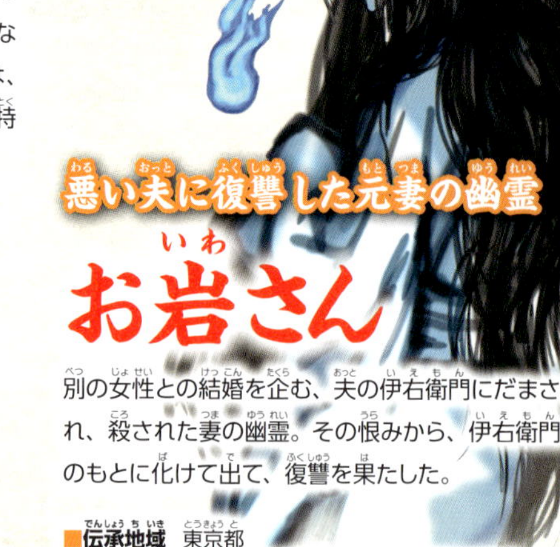

悪い夫に復讐した元妻の幽霊

お岩さん

別の女性との結婚を企む、夫の伊右衛門にだまされ、殺された妻の幽霊。その恨みから、伊右衛門のもとに化けて出て、復讐を果たした。

■伝承地域	東京都
■推定体長	約155～160cm
■出典	『東海道四谷怪談』ほか

お皿を数える古井戸の幽霊

お菊さん

屋敷の主人が大事にしていたお皿を割ってしまい、古井戸で死んだ女性の幽霊。毎晩、その井戸の中で皿を数える声が聞こえるという。

■伝承地域	東京都
■推定体長	約143～145cm
■出典	『番町皿屋敷』『播州皿屋敷』

結論 妖怪とは違うもの

都市伝説の化け物

人面犬や口裂け女などは、「都市伝説」と呼ばれる奇妙な噂話に登場する怪異キャラである。「友だちの友だちから聞いた体験談」みたいな形で口コミで広まっていくので、舞台が現代であることが多い。ただ昔の妖怪話も、もともとは奇妙な体験をもとに、「それは妖怪の仕業だ」となって話が広まっていった。ある意味、都市伝説は現代の妖怪話といえる。

人面犬

繁華街のゴミ箱を漁ったりする、人間の中年男性の顔をした犬。人間の言葉を喋れて、やさぐれたセリフを吐くことが多い。

■伝承地域	日本各地
■推定体長	不明
■出典	都市伝説

マスクの下には大きすぎる口

口裂け女

口が耳元まで大きく裂けた、マスクをした若い女性。「私、きれい?」と尋ね、「きれいじゃない」と答えた子どもをハサミで斬り殺すとも。

■伝承地域	日本各地
■推定体長	約150～155cm
■出典	都市伝説

超高速移動する上半身

テケテケ

■伝承地域	日本各地
■推定体長	不明
■出典	都市伝説

列車にはねられ、下半身が切断された女性の亡霊。見つからなかった下半身を探していて、時速100～150キロで追いかけるという。

ほかには……

赤マント

子どもを誘拐する、赤いマントをつけた怪人。

首なしライダー

交通事故で首をなくしたバイクライダーの霊。

トイレの花子さん

誰もいない学校のトイレに出る少女の幽霊。

結論 「現代の妖怪」といえる

大百足（オオムカデ）

突進力のある巨大虫

分布

大きさの比較

- 伝承地域 …… 滋賀県・群馬県・栃木県
- 推定体長 …… 10000cm
- 出典 …… 『俵藤太絵巻』『今昔物語集』ほか

堅牢な体をもつ、大きすぎる毒虫

山を7巻き半するといわれる、ムカデの妖怪。凶暴な肉食で攻撃性が高く、さらに足が多いので機動性・運動性に優れている。しかも、絶対に後退しないとされ、突進する攻撃力は高い。それでいて、見た目どおり体は硬く、並みの弓矢なら簡単に弾いてしまう。その上ムカデは、仏教の毘沙門天の使いとか、鉱山・鍛冶の神様ともいわれており、神通力や妖力も高いと思われる。

俗に、ムカデは後ろに下がらないといわれている。大ムカデのように硬い巨体が、ガンガン前に出てくるだけでも、相手からしたら恐怖だろう。

2 相手を弱らせる強烈な毒

ムカデはアゴに毒をもっていて、エサを捕食するときにはこの毒を用いる。また、自分が捕らわれると一層凶暴になり、手当たり次第に噛みまくる。

※本文中は、「大ムカデ」表記にしています。

山姥（やまんば）

山奥の人喰い鬼婆

大きさの比較

分布

- 伝承地域 …… 北海道、沖縄県を除く各地域
- 推定体長 …… 約150cm
- 出典 …… 『妖怪談義』『三枚のお札』ほか

前回の戦い VS ハンザキ

山姥は出刃包丁で攻撃するが、ハンザキが大きすぎて刃が奥まで刺さらず苦戦していた。しかも足を滑らせた隙に、ハンザキが山姥をひと口で呑み込んでしまう。絶体絶命のピンチだったが、腹の中で包丁を振り回し、腹の中からハンザキを切り裂いて脱出。見事な逆転勝利を収めた。

P.038

対戦ステージ　岩場

執念深く敵を攻め続ける山姥は、大型のハンザキにも勝利。今回はさらに巨大な大ムカデとの勝負だが、果たして秘策はあるのか？

バトルシーン1

山姥、序盤でとっておきの技を披露！

あまりに巨大な大ムカデを前にした山姥は、まず気を集中させ始めた。すると、妖術によって山姥は巨大化し、一気に全長50mまで大きくなった。ハンザキ戦では、能力を隠していたようだ。そして、大ムカデに突撃すると真っ向から戦い始めた。しかし大ムカデも凶暴で、一歩も退かなかった。

必殺の巨大化で、真っ向勝負！

LOCK ON !!

必殺の巨大化

民話『三枚のお札』にもあるとおり、山姥は巨大化することができる。じつは妖力は高いのだ。

バトルシーン2 今度は小さくなって腹の中への侵入を画策！

豆粒大になって、穀物の側に待機

巨大化しても、山姥は凶暴でパワーもある大ムカデに押されっぱなしだった。そこで今度は、ハンザキのときのように腹の中に入って、中から倒そうとする。そして山姥は食料となる穀物を召喚し、自分も豆粒大にサイズを変えて隠れた。

じつは神様

山姥はもともと豊穣の神で、収穫を豊かにする神通力をもっている。本当は優しい性格なのかもしれない。

オオ大ムカデの勝利！

バトルシーン3 大ムカデの毒牙が山姥に炸裂！

しかし大ムカデは肉食で、穀物に見向きもせず、山姥ばかりを追いかける。作戦が失敗した山姥は集中力が切れて、結局、元のサイズに戻ってしまう。その瞬間、大ムカデの毒牙が山姥に刺さる。徐々に毒が全身にまわり、山姥は倒れてしまった。

手長足長

長い手足の巨人タッグ

- 伝承地域 ……… 東北・中部・九州
- 推定体長 ……… 4000cm（合体して）
- 出典 ……… 『大日本国一宮記』『手長足長図』ほか

前回の戦い VS 濡れ女

濡れ女は近づいてきた足長に襲いかかり、蛇のような体で足長の足をしっかり締め上げると、海の中に引きずり込もうとした。しかし、そこへ相棒の手長が駆けつけ、その長い手で救出。合流した足長は、手長との連携プレーで攻撃し、逆に濡れ女を陸へと叩きつけることに成功した。

P.042

● 伝承地域 ………… 全国各地

● 推定体長 ………… 5000cm

● 出典 ………… 『和漢三才図会』ほか

恵みの雨も洪水も巻き起こす霊獣

海や湖などに棲むという、水神。元は中国の霊獣で、頭はラクダ、角は鹿、目は鬼、耳は牛、うなじは蛇、腹は大蛇、ウロコはコイ、爪は鷹、手のひらはトラに似た姿をしている。日本の龍神は水神・海神で、雨を降らせてくれたり、海で大漁にしてくれたりと、水に関する強い神通力を発揮する。逆に怒らせると、大洪水や竜巻と大災害をもたらす。また、人間に化けた話などもある。

1 水に関する神通力はNo.1

水に関する自然現象を起こす力は神々に並び、妖怪の中でも最強。豪雨を降らせたり、大洪水を発生させたりと、気象を大荒れにして有利に戦う。

2 大蛇のような長い体

長い巨体をもつので、攻撃・防御ともに優秀。しかも泳ぎが得意で、空も飛べるので、陸海空とオールラウンドに戦える。人間以上の知恵をもつ。

第2回戦-6
対戦ステージ 山中の池
龍神も大蛇のように巨大で、水中などに棲む。前回、濡れ女を、見事な連携プレーで倒した手長足長だけに、同じような展開にもち込みたい。
バトルシーン1
長い手足を使って巨大な龍神を引き上げる
池の中に潜っている龍神を見つけ、足長はさっそく手長を肩車して合体。手長が長い手で龍神の頭を掴むと、足長もその長い足をしっかり地面に固定した。そして力を合わせて龍神を池の中から引っ張り上げることに成功した。
手長と足長のコンビネーション攻撃！
LOCK ON !!
2体の深い絆
手長足長は、息を合わせることで強力なパワーを発揮。絆が深いからこそ、こうした連携が可能なのだ。
084

バトルシーン2
陸に引きずり出された
龍神、大空へ
手長足長のパワーによって、龍神は陸に引き上げられてしまった。手長足長は、すぐさま追撃しようとしたが、龍神はするっとその脇を抜け、大空へと舞い上がる。龍神は水中だけでなく、大空も飛ぶことができる万能な妖怪だった。
飛行能力
龍神は住処こそ水中だが、じつは陸海空どこでも戦える。とくに飛行は、得意な技のひとつだ。
天空を自在に飛び回る
龍神！
バトルシーン3
龍神が天変地異級の
雷雨を巻き起こす！
空高くを飛び回る龍神は、神通力を高めると一気に豪雨を降らせ始めた。嵐のような天候は、手長足長のいる足場も徐々に崩壊させていく。そして2体の態勢が大きく崩れたところで、龍神は強烈な落雷をお見舞い。鮮やかに倒してしまった。
龍神
の勝利！

九尾の狐

国を滅ぼすほどの妖狐

- 伝承地域 ……… 京都府、栃木県
- 推定体長 ……… 500～600cm（人間体は160cm）
- 出典 ……… 『絵本三国妖婦伝』『御伽草子』『殺生石』ほか

人を化かす、ずる賢さはトップクラス

人間を化かす、数千年を生きた妖狐。その中でも、最もずる賢く、国を傾けるほどの悪事を働いたのがこの九尾の狐である。しかも中国、インド、日本といろいろな国で美女に化け、権力者たちを惑わしたという。妖術に優れる九尾の狐は、人間に変身し、幻惑の術で人々をだまし、毒気で命を奪うなどした。しかも博識で、話術でも人々を騙していたことから、知能も高いようだ。

1 妖怪屈指の頭脳派

九尾の狐は、近づくことすら難しい王や天皇の心を虜にしている。それだけたくさんの人々も騙しているわけで、屈指の頭脳派妖怪といえる。

2 特殊能力に長ける妖術使い

妖狐は、人間やほかの動物に化けたり、幻を見せたり、人間に取り憑いたりと、妖術が得意。なかには神通力に優れた、神様のような狐もいる。

大きさの比較

分布

- **伝承地域** ……… 長野県、岐阜県、静岡県、岡山県 ほか
- **推定体長** ……… 300cm
- **出典** ……… 『妖怪談義』『和漢三才図会』ほか

前回の戦い VS 大蝦蟇

P.046

しばらくにらみあっていたが、徐々に大蝦蟇が吐き続けていた毒気が効き始め、狒々はフラフラしてくる。ギリギリまで引きつけ、大蝦蟇は必殺の槍攻撃を繰り出すが、身軽な狒々は間一髪で回避。正気を取り戻した狒々は、引っかきや噛みつきで反撃し、大蝦蟇の口を引き裂いた。

対戦ステージ　**里のはずれ**

もち前の怪力と獰猛さで勝ち上がった狒々。対する九尾の狐は、妖力や知恵で戦う頭脳派妖怪。パワーと頭脳の戦いになりそうだ。

バトルシーン1

美人に弱い狒々が九尾の狐を誘拐！

力で劣る九尾の狐は、作戦を練ることにし、まずは狒々が大好きな、人間の美女に変身した。自ら巻き起こした風雲の中から現れた狒々は、この美女を人間だと思い込んでしまう。そして案の定、戦いそっちのけで、九尾の狐が化けた美女とも知らず怪力で一気にさらってしまった。

九尾の狐、美女に化けて油断させる！

LOCK ON !!

変身の術

人間に変身することができる九尾の狐。とりわけ美女に化けることは、最も得意としている。

狐の嫁入り
晴れているのに突然、雨が降り出す現象を、「狐の嫁入り」という。この怪異、つまりは狐の仕業なのだ。
バトルシーン2
突然の雨に
狒々が驚く隙に
九尾の狐は脱出
狒々は美女を山の住処まで運び、ゆっくり食べようとする。しかし、ここで突然の天気雨が降り出し、狒々はふいをつかれてしまう。この天気雨は九尾の狐が神通力で起こしたもの。九尾の狐は、この隙に狒々の住処から脱出した。
狐の妖力を使って、
突然の天気雨が降る
九尾の狐
の勝利！
バトルシーン3
毒気と妖力で、
狒々をじわじわ弱らせる
狒々はしまったと思い、急いで九尾の狐を追いかけるが、なぜか体の自由が利かなかった。じつは九尾の狐は、最初からずっと猛毒の気を吐き続けていたのだ。そして身動きできぬほど弱りきったところで、九尾の狐は一気に妖力で狒々を倒すのだった。

大天狗

翼をもった山の大妖怪

分布

大きさの比較

● 伝承地域 …… 北海道・沖縄県を除く各地域

● 推定体長 …… 250cm(高下駄なしで220cm)

● 出典 …… 『今昔物語集』『御伽草子』『妖怪玄談』ほか

前回の戦い VS 覚

P.050

相手の心が読める覚は、大天狗の攻撃を次々に読んで避けまくる。そこで大天狗は、空から無数の石を降らせる「天狗の石つぶて」を繰り出す。木などに当たり、予想外の方向から飛んでくる石の動きまでは、さすがの覚にも読めない。ダメージがたまった覚に、とどめの大岩が命中した。

- 伝承地域……京都府、奈良県
- 推定体長……700～800cm
- 出典……『平家物語』『土蜘蛛草紙』ほか

妖術を駆使し、人間を喰らう魔物

山蜘蛛ともいい、山の洞窟を住処とする大きな蜘蛛の妖怪。蜘蛛の糸を尻から噴出し、エサとなる人間をからめとると、住処でじっくりと食べてしまう。見た目とは裏腹に妖力が高く、会話するために僧侶や美女といった人間に化けて家屋に侵入する。そして、金縛りや目くらまし、妖怪たちを出現させるなどの幻術を駆使する。2000人近い人間が食べられたという話もある。

1 相手を絡め取る蜘蛛の糸

蜘蛛の最大の武器は、粘り気のある糸だ。土蜘蛛くらい巨大であれば、人間などあっという間にぐるぐる巻きにして動けなくしてしまう。

2 人間にも化ける妖術使い

土蜘蛛は妖術が得意な妖怪で、エサを探しに出かけた先々で、人間に化けたり、幻術を使ったりと、さまざまな攻撃を仕掛けてくる。

対戦ステージ　町

なんとか覚に勝った大天狗の、次の相手は体の大きな土蜘蛛である。どちらも妖力が高いので、妖しい術同士がぶつかり合う戦いとなりそうだ。

バトルシーン1

苦手な僧侶を前に大天狗がピンチに！

さっそく土蜘蛛は変身の術を使い、僧侶に化けて大天狗に近づいた。じつは大天狗は、法力の高い僧侶が苦手で、思わずひるんでしまう。その隙を逃さず、土蜘蛛は一気に糸を噴出。蜘蛛の糸で大天狗をがんじがらめにしてしまった。

僧侶に化けた土蜘蛛が、大天狗を糸でからめとる

変身能力

巨体に似合わず、土蜘蛛は自分より小さい人間に変身できる。しかも僧侶や美女など、バリエーションも豊富だ。

バトルシーン2
炎や風を起こして
大天狗の反撃開始
大天狗、
糸から脱出！
万能な羽団扇
天狗の羽団扇は、神通力を発揮する便利な道具だ。あおぐだけで大風を起こすことができる。
不意を突かれた大天狗だったが、冷静になって大団扇を振るった。そして神通力で炎と風を起こすと、土蜘蛛の糸を一気に燃やして脱出。さらに大天狗は石つぶても発生させて、土蜘蛛を猛攻撃。土蜘蛛は思わず、正体を現してしまった。
バトルシーン3
逃げた土蜘蛛をすぐさま見つけ、
とどめの追撃
さらに剣術も心得ている大天狗は、刀で追撃し大ダメージを与えた。これには土蜘蛛もたまらず、地中に潜って逃げてしまう。しかし大天狗は遠くまで見通せる「千里眼」で隠れ場所を察知。先回りすると、出てきた土蜘蛛にとどめを刺した。
大天狗
の勝利！

エキシビション-2

海坊主とダイダラボッチという、巨大すぎる2体の対決は日本列島そのものが舞台となる。海と陸をはさんだ戦いは、エキシビションならでは！

海坊主

船を沈める巨大な黒影

分布

大きさの比較

- 伝承地域……北海道、沖縄県を除く各地
- 推定体長……約700m
- 記述……『閑窓自語』『雨窓閑話』ほか

前回の戦い VS イクチ

　長い体で巻きつくイクチに対し、海坊主は自在に海面に消えたり現れたりして対抗。海坊主も、表面の油でヌルヌル滑って、なかなかイクチをつかめずにいたが、なんとかイクチの頭をつかむ。そのまま一気に口の中へ入れて、底なしな胃袋へと呑み込んでしまった。

P.054

● 伝承地域 …… 北海道、沖縄県を除く各地
● 推定体長 …… 約1km
● 記述 …… 『常陸国風土記』『播磨国風土記』ほか

日本列島の国土を作った大巨人

日本各地で山や湖を作ったという巨人で、大きさとしては比類なき存在である。土を盛って富士山を作ったとか、その掘った跡地が甲州盆地や琵琶湖になったとか。はたまた鬼怒川で足を洗っただとか、踏ん張ったときの足跡が浜名湖になったとか、とにかくスケールがでかいことをあちこちで行なっている。なかには、干拓工事を行なうなど、人間を助けたダイダラボッチもいる。

1 桁外れなほど力もち

ダイダラボッチは、土を盛って大きな山を作ってしまうほど力もちだ。乱暴ではないものの、本気で戦えば、地形が変わってしまうに違いない。

2 驚くほど体が巨大

体そのものの大きさでいえば、妖怪でNo.1。体が大きいということは、攻撃力はもちろん、防御力やスタミナも高いということになる。

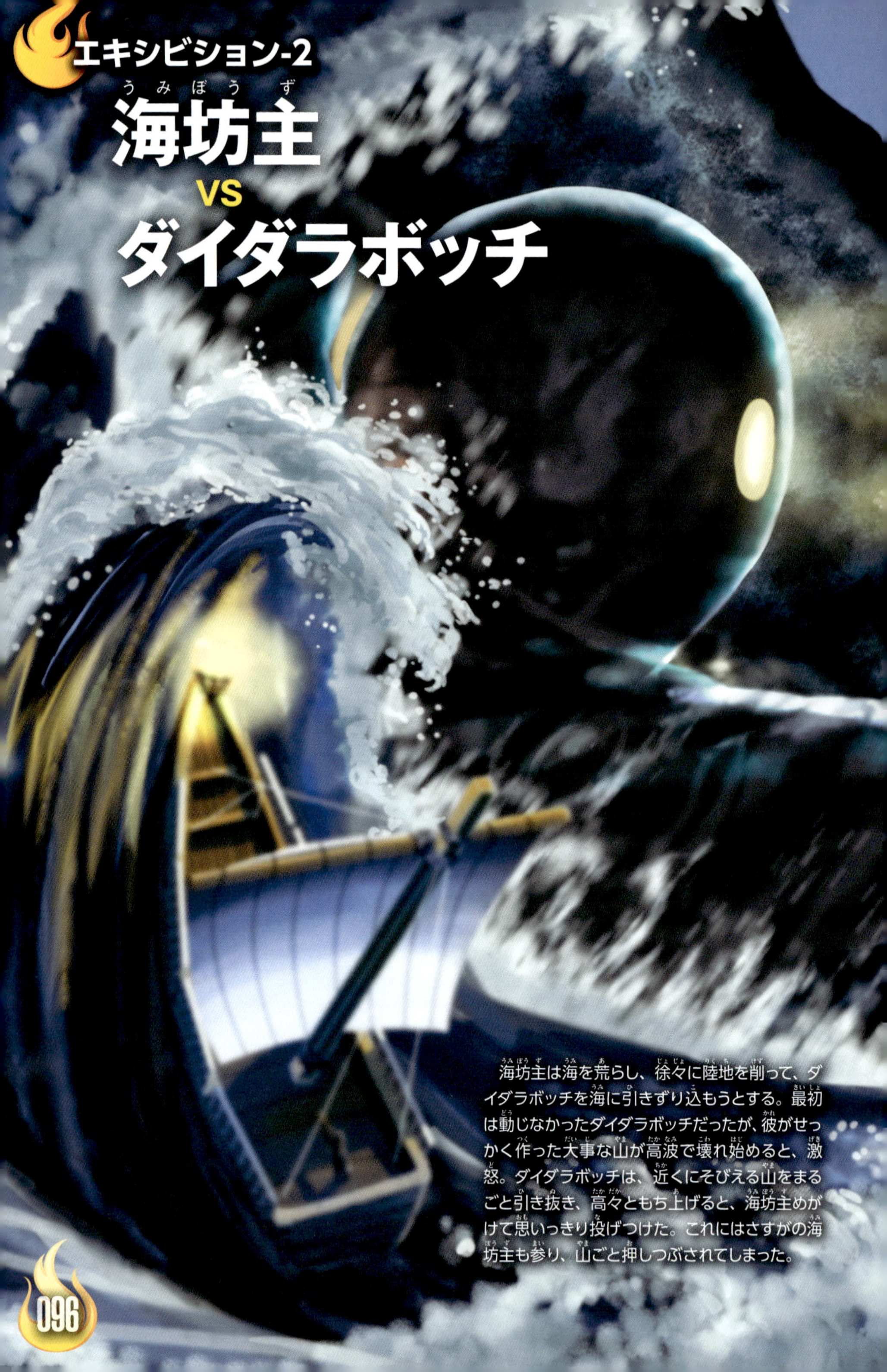

エキシビション-2

海坊主 VS ダイダラボッチ

海坊主は海を荒らし、徐々に陸地を削って、ダイダラボッチを海に引きずり込もうとする。最初は動じなかったダイダラボッチだったが、彼がせっかく作った大事な山が高波で壊れ始めると、激怒。ダイダラボッチは、近くにそびえる山をまるごと引き抜き、高々ともち上げると、海坊主めがけて思いっきり投げつけた。これにはさすがの海坊主も参り、山ごと押しつぶされてしまった。

山をまるごと投げつける
驚異のダイダラボッチパワー！
ダイダラボッチの勝利！

ランキング-2

防御力・持久力

防御面のランキングを紹介。攻撃を防ぐ硬さ＝防御力と、長時間戦えるスタミナ＝持久力が高い妖怪はいったい誰だ？

防御力ランキング TOP10

1 大百足

体が硬い殻でできていて、全身が鎧のような状態にある。防御面は完璧といえる。

2 龍神

蛇のように細長い体は硬い鱗におおわれていて、全体的に頑丈である。

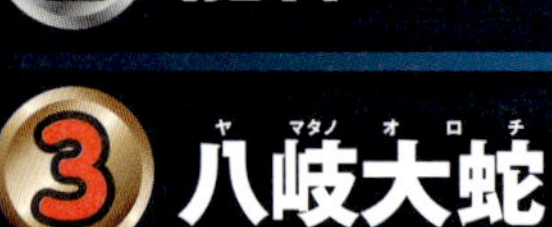

3 八岐大蛇

背中に木が生えるほど大きい体だけに、ちょっとやそっとの攻撃ではビクともしない。

4 牛鬼
5 酒呑童子（鬼）
6 狒々
7 手長足長
8 土蜘蛛
9 濡れ女
10 大蝦蟇

持久力ランキング TOP10

1 八岐大蛇

やはり、体が大きい八岐大蛇がここでもトップ。そのスタミナは無尽蔵といえる。

2 龍神

龍神も体そのものの大きさに比例して、スタミナもかなり高いといえる。

3 雪女

体こそ小さいものの、吹雪を起こし続けられるだけのスタミナは驚異的である。

4 大百足
5 酒呑童子（鬼）
6 ハンザキ
7 牛鬼
8 狒々
9 土蜘蛛
10 河童

第3章
準々決勝

雪女（ゆきおんな）

雪と冷気の申し子

分布

大きさの比較

- 伝承地域 ………… 東北・関東・中部・近畿 ほか
- 推定体長 ………… 160cm
- 出典 ………… 『宗祇諸国物語』『怪談』ほか

前回の戦い VS 化け猫

化け猫は相手を油断させようと、少女に変身。少女の姿を見てつい油断してしまった雪女は、隙を突かれて、顔を鋭い爪で引っかかれてしまう。雪女は激怒し距離をとると、神通力で周囲に猛吹雪を起こした。寒さに弱い化け猫は、動きがどんどん鈍り、ついには氷漬けにされてしまった。

P.062

大きさの比較

分布

- 伝承地域……島根県
- 推定体長……15000cm
- 出典……『日本書紀』ほか

前回の戦い VS 鎌鼬

カマイタチは鎌で木を削り、尖った木片をヤマタノオロチの頭めがけて飛ばしまくった。攻撃に気づいたヤマタノオロチは、8本の首で小さな姿を発見。背中にいたカマイタチを、身を震わせて跳ね上げ、首のひと振りで遠くまで飛ばしてしまう。巨大なヤマタノオロチの圧勝だった。

P.066

対戦ステージ　山
山のように大きいヤマタノオロチ。対するは、またしても体格差のある雪女。雪女得意の冷凍攻撃がどこまで通用するかがカギになりそうだ。
バトルシーン1
雪女、いきなりの大ピンチ!
雪女が山奥に入ると、ヤマタノオロチは8つの首をもたげてそちらを向いた。一見すると人間の女性にも見えたため、8本もの頭が、雪女の頭上を取り囲む。そして生贄だと思って襲いかかるヤマタノオロチに対し、雪女も怯えたふりをしつつも身構えた。
ヤマタノオロチの頭が雪女を取り囲む!!
LOCK ON!!
8つの頭
8つも頭をもつだけに、あっという間に相手を四方八方から取り囲む。

吹雪攻撃

雪女は吹雪を発生させる力をもつ。天候を急変させてしまうことによって、大きな相手にも対抗可能だろう。

渾身の冷凍攻撃がヤマタノオロチを襲う！

ヤマタノオロチが飛びかかると同時に雪女は距離を取り、妖力を高める。そして、一気に天候を変化させ、一面に猛吹雪を吹かせた。巨体とはいえ、ヤマタノオロチも一応、蛇なので、寒さには弱い。8つの頭の動きも徐々に鈍り始めてきた。

バトルシーン2

雪女の猛吹雪でヤマタノオロチの動きが鈍る

バトルシーン3

大きな尻尾が、雪女をなぎ払う！

ヤマタノオロチの頭がぐったりしかかった頃、雪女の横方向から大きな物体が迫る。頭上ばかり気を取られた雪女は、一気になぎ払われてしまう。それは、まだ凍っていないヤマタノオロチの尻尾だった。やはり体全体を凍らせるには、大きすぎる相手だったようだ。

ヤマタノオロチの勝利！

酒呑童子（鬼）

鬼の軍団を統率するボス

- 伝承地域 …… 新潟県・滋賀県・京都府
- 推定体長 …… 500cm
- 出典 …… 『御伽草子』『大江山』『大江山酒呑童子絵巻』ほか

前回の戦い VS 両面宿儺

P.070

多数の武器を使いこなす両面すくなに、当初は押されっぱなしの酒呑童子。しかし酒呑童子も武芸には覚えがあり、大きな金棒を軽々と振り回し、応戦する。そのうち、パワー的にも体力的にも勝る酒呑童子が優勢となり、スタミナが徐々に切れ始めた両面すくなは猛攻の前に敗れ去った。

牛鬼

牛の頭をした残忍な鬼

- **伝承地域** ………… 中部・近畿・中国・四国
- **推定体長** ………… 500cm（人間体は160cm）
- **出典** ………………『画図百鬼夜行』『大事記』『妖怪談義』ほか

前回の戦い VS 河童

牛鬼を愚鈍と見た河童は、牛鬼に石を投げるなどして挑発し、池の淵まで誘い込む。そして牛鬼が足を滑らせた隙に、馬鹿力で一気に水中へと引きずり込んだ。しかし、じつは牛鬼は水中戦が得意で、水の中でも変わらぬ剛腕を発揮。まともに戦っては、さすがの河童も力負けした。

P.074

対戦ステージ　岩場

鬼軍団のリーダーである酒呑童子と、大型で筋骨隆々な牛鬼という、鬼同士の対決。力と力がぶつかりあう、タフな試合となりそうだ。

バトルシーン1

牛鬼、人間に化けて酒呑童子を油断させる

牛鬼には、相手の影をなめて命を奪う必殺技があった。そこで、まずは人間の女性に化けて、酒呑童子を油断させ、隙を見て影を狙う作戦に出た。しかし、頭のよい酒呑童子にはすぐに正体がばれて、先制攻撃を許してしまった。

酒呑童子、牛鬼の変身を見破る！

LOCK ON !!

人間に変身

妖力が高い牛鬼は、人間に変身できる。しかも女性とあっては、相手も油断しやすい。

バトルシーン2
牛鬼、必殺の影食いを狙うも失敗！
牛鬼としては、強敵・酒呑童子の影をなめて、一気にけりをつけたかった。しかし逆に酒呑童子はその隙をついて、真っ向から組みかかり、マウントを取った。結局、戦いは肉弾戦にもつれこみ、鬼同士の激しい殴り合いが展開された。
牛鬼の影喰い
牛鬼は相手の影をなめることで、あっという間に命を奪ってしまう。まさに一撃必殺の技だ。
影を狙えず、鬼同士の肉弾戦に突入
酒呑童子の勝利！
バトルシーン3
酒呑童子、鬼刃つきのノコギリでとどめ！
徐々に酒呑童子が優勢となるが、牛鬼も体力があり、なかなか倒れなかった。そこで酒呑童子は、隠しもっていたノコギリを取り出す。このノコギリには、鬼を殺せる鬼刃がある。その鬼刃を使って、酒呑童子は牛鬼を追いつめたのだった。

大百足（オオムカデ）

突進力のある巨大虫

分布

大きさの比較

- 伝承地域 …… 滋賀県・群馬県・栃木県
- 推定体長 …… 10000cm
- 出典 …… 『俵藤太絵巻』『今昔物語集』ほか

前回の戦い VS 山姥

山姥は全長50mまで巨大化し、立ち向かった。しかし凶暴でタフな相手に押され、今度は食料の穀物を出し、自ら豆粒大になって腹の中から倒そうとする。しかし、肉食の大ムカデは穀物には目をくれず山姥を追い、毒の牙で襲撃。毒で弱った山姥は、そのまま大ムカデに噛まれてしまった。

P.080

龍神

水を司る、荒ぶる水神

- 伝承地域 ………… 全国各地
- 推定体長 ………… 5000cm
- 出典 ………………『和漢三才図会』ほか

大きさの比較

分布

前回の戦い VS 手長足長

手長足長は、長い手足を使って、池の中にいる龍神を陸上へと引き上げようとする。手長足長の連携プレーで、龍神は陸に上げられてしまうが、すぐに天空へと飛び上がった。そして、神通力で周囲に豪雨を降らせて地盤を緩め、相手が体勢を崩した隙に雷を落として、勝利を収めた。

P.084

対戦ステージ　**山麓の村**

全長100mの大ムカデと、全長50mの龍神による超巨体対決。総合力では龍神が上だが、大きさや馬力、凶暴性などは大ムカデが上だ。

バトルシーン1

大ムカデ、龍神に喰らいついて怒涛の攻撃！

龍神はまず、大ムカデの攻撃が届かない空に飛び上がろうとする。大ムカデはそうはさせまいと、龍神の体を捕まえると、たくさんの足で絡みつきながら攻撃。バランスを崩して2体とも山を転がり落ちながらも、大ムカデは攻撃をやめなかった。

無数の足

大ムカデの足は無数にあり、突進力が高い。さらに敵の体に絡みつけば、ガッチリ捕縛してしまう。

天変地異、発生
龍神が本気で怒れば、地形が変わるほどものすごい大嵐を発生させることができる。まさに天変地異だ。
龍神の嵐で、土砂崩れまで発生！
バトルシーン2
龍神は渾身の大嵐を発生させ、猛反撃！
凶暴な大ムカデの猛攻に大ダメージを受けながら、龍神はなんとか天空に飛び上がった。そして嵐を発生させ、大洪水で山崩れを起こす。足場もかなり悪くなっているのだが、それでも大ムカデは山の上に向かって前進し続けた。
大ムカデの勝利！
バトルシーン3
大ムカデ、龍神の弱点である鉄製の武器を召喚する！
山頂に着いた大ムカデは妖力を高め、龍神に向け鉄製の武器を召喚する。大ムカデは製鉄の神様でもあり、逆に龍神はそんな金属が大の苦手だった。無数の金属を前に、どんどん龍神は弱まり、地上へと落下。そこへ大ムカデの毒の牙が刺さるのだった。

九尾の狐

国を滅ぼすほどの妖狐

- 伝承地域……京都府、栃木県
- 推定体長……500～600cm（人間体は160cm）
- 出典……『絵本三国妖婦伝』『御伽草子』『殺生石』ほか

前回の戦い VS 狒々

P.088

狒々は九尾の狐が化けた美女をさらい、住処で食べようとする。ここで九尾の狐は神通力で天気雨を起こし、狒々の気をそらして脱出。狒々は慌てて追うが、なぜか体の自由が利かなかった。じつは九尾の狐は、最初から猛毒の気を吐き続けていたのだ。そして、ついに狒々を倒した。

大天狗

翼をもった山の大妖怪

- **伝承地域** …… 北海道・沖縄県を除く各地域
- **推定体長** …… 250cm（高下駄なしで220cm）
- **出典** …… 『今昔物語集』『御伽草子』『妖怪玄談』ほか

前回の戦い VS 土蜘蛛

土蜘蛛は大天狗が苦手な僧侶に化け、相手がひるんだ隙に、蜘蛛の糸で縛り上げてしまう。大天狗は羽団扇で火と風を起こし、糸を焼き切り、さらに石つぶてで攻撃。ダメージを受けた土蜘蛛は土の中を逃げたが、大天狗は千里眼で隠れ場所を見つけ、先回りしてとどめの一撃を喰らわした。

P.092

対戦ステージ　山麓の村

九尾の狐は妖術・知恵がトップクラスで、一方の大天狗は神通力・知恵がトップクラス。賢さや術という面では、拮抗している両者が激突する。

バトルシーン1

九尾の狐、妖術を駆使して大天狗を惑わす

強敵の大天狗が相手とあって、九尾の狐は正面からぶつかることを避け、慎重に戦うことにした。まずは幻を見せたり、姿を消したりと、妖術を使って牽制。その間、密かに猛毒の気を周囲に充満させ、大天狗をじわじわ弱らせようとした。

幻や目くらましで大天狗を追いつめる九尾の狐!

LOCK ON!!

幻惑の術

妖狐は幻術が得意。例えば屋敷だけでなく、そこに住む人間も全員、まるごと幻で作ってしまう。

真言を唱え、幻を次々に消し去る

山伏の実力

山伏としての実力もある大天狗は、真言などを用いて、魔物や妖術を打ち破ることができる。

バトルシーン2

大天狗、九尾の狐の幻術を打ち破る！

しかし、妖術で惑わす九尾の狐の動きを見て、大天狗は相手の狙いに勘づいた。そこで、気を集中して密教の真言（力のある呪文）を唱え、九尾の狐の幻をことごとく打ち破っていく。妖力が通用しなくなり、さすがの九尾の狐も焦り始めた。

バトルシーン3

妖力を最大まで高めた九尾の狐、最後の猛攻！

大天狗の勝利！

あらゆる妖術が破られた九尾の狐は、妖力を一気に解放。身体能力を高め、猛然と攻撃してきた。しかしさすがにまともに戦えば、武術も得意な大天狗が優勢となる。最後は大天狗の弓が直撃し、九尾の狐は討ち取られてしまった。

海外の妖怪・怪物たち（超有名キャラ）

「妖怪」というのは日本の言葉だけど、
海外にも妖怪に似たモンスターとか、幻獣といった不思議な連中がいる。
ここでは、ゲームや映画、漫画などでよく登場する、
海外の妖怪の仲間たちを紹介しよう。

最も有名な空飛ぶ邪悪モンスター

ドラゴン

蛇やトカゲを合体させたような、爬虫類系の幻獣。一般的には体が大きく、翼が生えており、口から炎を吐くなどのイメージである。

■伝承地域	ヨーロッパ
■推定体長	5～100m
■出典	北欧神話、ギリシャ神話、聖書

歌声で惑わせる半人半魚

セイレーン

上半身が人間の女性、下半身が魚の幻獣。ドイツ・ライン川にいる人魚たち（ローレライ）は、その歌声で船乗りたちを惑わすという。

■伝承地域	ヨーロッパ
■推定体長	150～180cm
■出典	ローレライ伝説、ギリシャ神話、ケルト民話

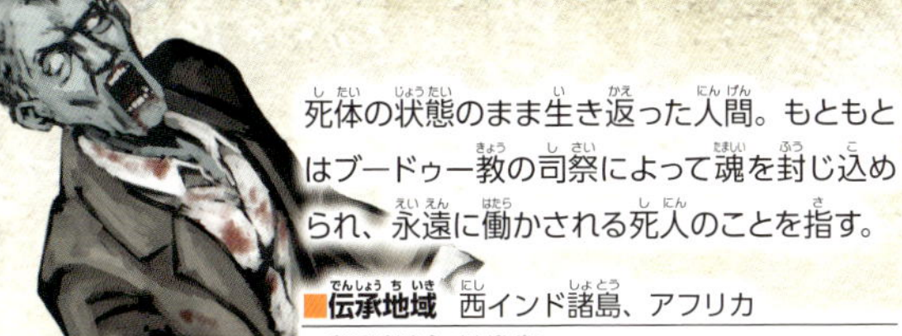

死体の状態のまま生き返った人間。もともとはブードゥー教の司祭によって魂を封じ込められ、永遠に働かされる死人のことを指す。

■伝承地域　西インド諸島、アフリカ
■推定体長　人間大
■記述　ブードゥー教

死体だけど、動きまわる怪物

ゾンビ

生き血を吸って仲間を増やす

ヴァンパイア

人間の生き血を吸う怪物、吸血鬼のこと。血を吸われた人間も吸血鬼になるという。夜中に活動し、特定の方法以外では死なない。

■伝承地域　ヨーロッパ
■推定体長　人間大
■出典　ヨーロッパ伝承、『吸血鬼ドラキュラ』

悪魔の仕業か、狼に変身する人間

狼男

狼、または上半身が狼・下半身が人間の状態に変身する人間。変身すると、森や畑を荒らしたりする。悪魔の仕業ともいわれる。

■伝承地域　ヨーロッパ
■推定体長　人間大
■出典　ヨーロッパ民間伝承

フランケンシュタインという科学者が、人間の死体をつなぎあわせて作り上げた人造人間。強靭な肉体をもち、恐ろしい姿をしている。

■伝承地域　ヨーロッパ
■推定体長　240cm
■出典　『フランケンシュタイン』

死体をつないだ屈強な人造人間

フランケンシュタイン・モンスター

ランキング-3

速さ・知恵

戦いを決めるのは、攻撃と防御だけではない。身軽さ・素早さ、そして頭の良さ・賢さのランキングをみてみよう。

速さランキング TOP10

1 鎌鼬
風とともに、鮮やかに敵を斬りつける速さはまさに疾風怒濤。スピードだけならダントツだ。

2 大天狗
タカのように、立派な翼で大空を翔る大天狗。素早く飛び回り、敵を翻弄してしまう。

3 九尾の狐
狐だけに、俊敏に動き、敵を捕まえることができる。逃げ足の速さも超一流だ。

4 化け猫
5 酒呑童子（鬼）
6 夜行さん
7 覚
8 一反木綿
9 龍神
10 狒々

知恵ランキング TOP10

1 大天狗
多彩な技を使いこなすだけの知恵があり、人々から敬われている大天狗も多い。

2 九尾の狐
人を騙す、ずる賢さという意味ではトップクラスの九尾の狐。悪知恵だけはよく働く。

3 龍神
知能が高いので、人間と会話して、相談したりされたりすることも多い。

4 酒呑童子（鬼）
5 土蜘蛛
6 雪女
7 山姥
8 夜行さん
9 両面宿儺
10 手長足長

第4章
準決勝・決勝

八岐大蛇（ヤマタノオロチ）

8つの首をもつ大蛇

- 伝承地域 ………… 島根県
- 推定体長 ………… 15000cm
- 出典 ………………『日本書紀』ほか

前回の戦い VS 雪女

P.102

ヤマタノオロチは雪女を呑み込もうとする。一方の雪女はすぐさま雪雲を呼び込み、猛吹雪を発生させる。ヤマタノオロチは、蛇なので寒さに弱く、どんどん動きが鈍くなっていった。しかし雪が当たっていない尻尾を大きく振り回すことで、雪女を遠くまで吹き飛ばすことができた。

酒呑童子（鬼）

鬼の軍団を統率するボス

- **伝承地域**……新潟県・滋賀県・京都府
- **推定体長**……500cm
- **出典**……『御伽草子』『大江山』『大江山酒呑童子絵巻』ほか

前回の戦い VS 牛鬼

P.106

酒呑童子は、人間に化けた牛鬼の正体に気づき、先制攻撃を仕掛ける。一方の牛鬼は、必殺の影喰いを狙うが、組みつかれ、なかなか影をとれない。結局、肉弾戦となり酒呑童子が優勢に。最後は、酒呑童子が鬼を殺せる鬼刃のあるノコギリで牛鬼にとどめを刺した。

対戦ステージ 岩場
大きな体を武器に、勝ち上がってきたヤマタノオロチ。体力、パワー、武術と力強い勝負を勝ち抜いてきた酒呑童子は、猛攻を止められるのか？
バトルシーン1
戦闘前に、2体ともお酒で景気づけ！
猛者同士、序盤から真剣な戦いが繰り広げられる。と思いきや、酒呑童子はゆうゆうとお酒を飲みながら闘っている。じつはヤマタノオロチも戦闘前の景気づけとしてお酒を飲んでいたらしい。2体とも、とにかくお酒が大好物という共通点がある。
お酒を飲んで、お互いテンションがMAX
LOCK ON!!
お酒が大好き
酒呑童子はヤマタノオロチの子孫という滋賀県の伝説もある。お酒好きなのは遺伝なのかもしれない。

体格差を感じさせない激しい攻防
バトルシーン2
破壊力のある攻撃に対し酒呑童子も応戦！
やがてお互いに一歩も退かない激しい攻防が続く。ヤマタノオロチが大きな体で体当たりすれば、酒呑童子は空を飛んで回避。酒呑童子が力任せに斬りつければ、ヤマタノオロチもしっかりガードと、白熱した戦いとなった。
飛行能力
酒呑童子はじつは術で空を飛べるので、ヤマタノオロチの頭部にも攻撃することができた。
バトルシーン3
尻尾を斬り落とし力の源である神剣を奪う
酒呑童子は、攻撃力のある頭よりも、尾を攻めようと考え、背後に回って尾を1本斬り落とした。すると、中から刀が出てきたので、酒呑童子はそれを奪い取った。どうやらそれはヤマタノオロチの力の源だったらしく、ヤマタノオロチは徐々に力を失ってしまった。
酒呑童子の勝利！

大百足（オオムカデ）

突進力のある巨大虫

分布

大きさの比較

- **伝承地域** ………… 滋賀県・群馬県・栃木県
- **推定体長** ………… 10000cm
- **出典** ………… 『俵藤太絵巻』『今昔物語集』ほか

前回の戦い VS 龍神

大ムカデは、龍神の体に絡みつき、無数の足でしっかりと捕まえると、執拗に攻撃し続けた。龍神は、なんとか脱出して天空に飛び立つ。そして大嵐を発生させ、反撃に転じる。しかし大ムカデは、これをものともせず、龍神が苦手な鉄製の武器を召喚して、毒でとどめをさした。

P.110

大天狗

翼をもった山の大妖怪

大きさの比較

分布

- 伝承地域 …… 北海道・沖縄県を除く各地域
- 推定体長 …… 250cm（高下駄なしで220cm）
- 出典 …… 『今昔物語集』『御伽草子』『妖怪玄談』ほか

前回の戦い VS 九尾の狐

P.114

九尾の狐は妖術を使って、大天狗を惑わし、その間に猛毒の気を撒き散らす作戦に出た。しかし大天狗は、真言を唱え、九尾の狐の妖術をことごとく打ち破る。結局、両者は真っ向勝負することになるが、武芸にも秀でた大天狗が有利に試合を進め、最後は弓でとどめをさした。

対戦ステージ　山

凶暴さとパワーで勝ち上がってきた大ムカデ。対する大天狗は、神通力や頭脳戦を得意としている。大ムカデを倒す秘策は果たしてあるのか。

バトルシーン1

大ムカデの猛攻を大天狗は、かわし続ける

自分より小さな体の大天狗に対しても、大ムカデは猛然と攻め立てる。積極的に大天狗に噛みつこうとする。しかし大天狗は背中の翼で大空を舞い、その猛攻を華麗に回避していく。そのすばしっこい動きに、大ムカデは苦戦した。

大きな翼

大天狗は、天狗の中でもとくに立派な翼をもっている。空を飛ぶ能力も、当然、優れている。

大空を羽ばたき華麗に回避する大天狗

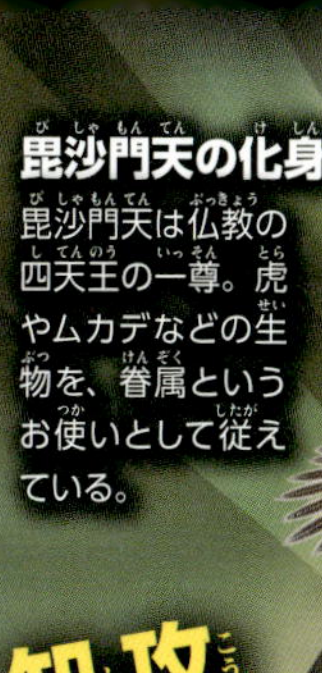

毘沙門天の化身

毘沙門天は仏教の四天王の一尊。虎やムカデなどの生物を、眷属というお使いとして従えている。

バトルシーン2

大ムカデを熟知する大天狗、効果的に攻撃！

攻撃も弱点も知り尽くす大天狗

決め手に欠け、さすがの大ムカデも焦り始めるが、大天狗のほうは余裕で構えていた。というのも、じつは大天狗は毘沙門天の化身でもあり、一方の大ムカデはその毘沙門天の使いだという。つまり大天狗は、相手の攻撃も弱点もすでに知っていたのだ。

大天狗の勝利！

バトルシーン3

大天狗の起こした山火事で大ムカデ敗れる

大ムカデがだいぶ疲れてきたのを見て、大天狗は反撃を開始する。ムカデの弱点とは、熱に弱いこと。そこで大天狗は、羽団扇で炎と風を起こして山火事を起こし、大ムカデを火攻めにする。これにはさすがの大ムカデもまいり、炎上してしまった。

海外の妖怪・幻獣たち（神話編）

ヤマタノオロチなど、日本の神話に登場する妖怪は強者だったが、
世界の妖怪や幻獣も負けていない。
もし戦いに参加していたら、日本の妖怪たちを脅かしていたかもしれない。
そんな世界神話の幻獣たちを、厳選して紹介しよう。

平和を象徴する中国の鳥

鳳凰

平和をもたらすという、中国の伝説の鳥。雄を鳳、雌を凰といい、鶏や孔雀など、いろいろな動物のパーツからなる。

■伝承地域	中国、日本
■推定体長	約3m
■出典	中国神話

人間＋獅子の合体幻獣

スフィンクス

人間の上半身とライオンの体、ワシの翼をもつ幻獣。ギリシャ神話では、問題を出して、答えを間違った者を食べてしまう。

■伝承地域	エジプト、ギリシャ
■推定体長	不明
■出典	エジプト神話、ギリシャ神話

病気に効く一本角をもつ白馬

ユニコーン

額の中央に、立派な一本角が生えた白馬。性格は獰猛で勇敢、足も速い。また角には、あらゆる病気を治す力があるという。

■伝承地域	ヨーロッパ
■推定体長	約5m
■出典	ギリシャ神話、聖書

メデューサ

髪の毛が無数の毒ヘビになっている、女性の怪物。目を見た者を、石に変えてしまう。退治され、首を切り落とされても能力は残る。

■伝承地域	ギリシャ
■推定体長	不明
■出典	ギリシャ神話

じつは器用な？　一つ目の巨人

キュクロープス

額の中央に、大きな目が一つだけある巨人。鍛冶技術をもつ神様とも、旅人を食べてしまう乱暴者ともいわれている。

■伝承地域	ギリシャ
■推定体長	不明
■出典	ギリシャ神話

迷宮の奥に潜む牛の頭の怪物

ミノタウロス

海神ポセイドンの呪いによって産まれた、頭が牛、胴体が人間の怪物。迷宮の奥に閉じ込められ、少年少女を生贄として食べていた。

■伝承地域	ギリシャ
■推定体長	不明
■出典	ギリシャ神話

酒呑童子（鬼）

鬼の軍団を統率するボス

- 伝承地域 …… 新潟県・滋賀県・京都府
- 推定体長 …… 500cm
- 出典 …… 『御伽草子』『大江山』『大江山酒呑童子絵巻』ほか

前回の戦い VS 八岐大蛇

体当たりをしてくるヤマタノオロチに対し、酒呑童子も負けずに刀で斬りつけ、一進一退の攻防が続いた。そこで酒呑童子は、攻撃力のある頭ではなく、尾のほうに回り込む。そして尾を斬り落とし、中から出てきたヤマタノオロチの力の源である刀を奪い、倒した。

P.122

大天狗

翼をもった山の大妖怪

大きさの比較

分布

- 伝承地域……北海道・沖縄県を除く各地域
- 推定体長……250cm（高下駄なしで220cm）
- 出典……『今昔物語集』『御伽草子』『妖怪玄談』ほか

前回の戦い VS 大百足

突進してくる大ムカデの攻撃に対し、大天狗は空を飛んで回避しまくる。すばしっこい動きに翻弄され、攻撃がなかなか決まらなかった。いよいよ大ムカデが疲れてきたところで、大天狗は羽団扇で山火事を起こして焼いてしまった。大天狗は大ムカデの攻撃も弱点も知り尽くしていた。

P.126

対戦ステージ　山
決勝に勝ち上がったのは、力と体力には自信のある酒呑童子と、神通力・妖力や知恵を駆使する大天狗。力と術、勝つのはどっちだ？
バトルシーン1
大天狗、術とスピードを駆使して翻弄！
酒呑童子はパワーがあり、力負けすると見た大天狗は神通力を駆使。隙を見て瞬間移動の術を使うと、酒呑童子の背後にまわり、刀で斬りつけた。しかしタフな酒呑童子は、攻撃をものともせず、すぐに反撃。やはり一進一退の戦いとなった。
神通力をフル活用して、真っ向勝負！
LOCK ON !!
瞬間移動
一瞬で、自分の体を遠い場所に移す神通力。集中が必要なので、戦闘中に何度もは使えない。

酒呑童子の決め技の瞬間に金縛りの術！

金縛りの術

体を動けなくする、天狗の神通力のひとつ。相手が疲れてきた頃を見計らい、この大技を出したのだ。

バトルシーン2

渾身のひと振りが決まる瞬間、大天狗の大技が炸裂！

金棒と刀の鍔迫り合いが続き、お互い疲れが見え始めた。そこで、勝負を決めようとした酒呑童子は、一気に距離をつめて大天狗を捕まえ、渾身の力で金棒を振り下ろす。しかし大天狗は、その瞬間を見逃さず、金縛りの術を仕掛けた。

頂点は大天狗！

バトルシーン3

大天狗、酒呑童子の首を斬り落とす!!

酒呑童子は、体が固まって動けなくなり、そこへ大天狗の刀が一気に振り下ろされる。酒呑童子の首は転げ落ち、ついに勝敗は決した。酒呑童子は首だけになってもまだ動き、最後の抵抗で噛みついてきたが、勝てる力はもはやなかった。

～戦いを

古くから恐れられた、レジェンドたちが圧巻の活躍

本来、人間を襲ったり化かしたりすることが本業の妖怪たち。そんな妖怪たちが、人間に対して効果のある能力を、ほかの妖怪たちにぶつけてみて、最強を決めることになったのが今回の対決である。そんなトーナメントを振り返り、どんな妖怪たちが実力を発揮できたのか見てみよう。ベスト4となったのは、大天狗、酒呑童子、大百足、八岐大蛇の4体。酒呑童子は鬼、八岐大蛇は大蛇という種族の中での最強格だが、いずれも古くから語り継がれているレジェンド妖怪。人間を恐れさせた伝説どおりに、今回の戦いでも実力を発揮した。

異常に巨大な妖怪たちの強さが、際立つ結果に

妖怪は人間にとって恐怖の存在なので、ケタ外れにサイズが大きい連中も多い。動物でも恐竜でもそうだが、体が大きければ大きいほど、攻撃力・防御力ともに高くなるので、3位の大百足、4位の八岐大蛇が勝ち上がったのは順当といえる。とくに健闘したのは大百足で、能力レーダー的には上位の龍神でさえ恐れる凶暴な性格と、突進するパワーは目を見張るものがあった。逆にサイズが小さい妖怪たちは、結局、体格差に圧倒されてしまう結果も多かった。とくに八岐大蛇と当たってしまった、鎌鼬や雪女あたりは、組み合わせ的に不運だったとしかいいようがない。

終えて～

相手の弱点に対応できるだけの、バランスが勝負の決め手に

それから、妖怪たちは伝承や物語の中で、こうやって撃退されたとか、こうすれば逃げていくといった弱点が語られていることが多い。また化け猫とか一反木綿のように、妖怪の元になった動物やモノとしての性質を継承している連中も多く、その元の性質からくる弱点などもある。相手のそうした弱点に対応できるだけの、知恵や能力をもっていた妖怪のほうが有利だったといえる。そういう意味では、準優勝の酒呑童子は、パワー・剣術だけでなく、知恵や妖力もある、心技体のバランスが取れていて、対応力が高かったことが勝因といえる。

妖術・神通力の豊富さ冷静な試合運びで頂点に

そして妖怪は昔の人が創造した存在なので、人間の理解を超えた能力をなにかしら備えている。妖力・神通力は、わかりやすくいえば漫画やゲームの世界でいう魔法や超能力みたいなもの。覚のように一芸に秀でた妖怪もいるが、やはり全体的に特別な力の種類が多く、また威力も高い妖怪ほど、優勢に戦うことができたといえる。そういう意味では大天狗は技や術が豊富にあり、あのずる賢さでは No.1 だった九尾の狐に対しても、冷静に対応できていた。高い知恵・妖力・神通力を兼ね備えていた大天狗が、最強王の称号を手にしたのは順当な結果だといえるだろう。

用語集

ここでは、本書に登場した用語をはじめ、登場した妖怪に関連する用語、お化け全般に関するキーワードなどを解説しよう。

用語（50音順）

異界
人間が住む社会の外側に広がる異空間。妖怪が隠れている世界は異界で、橋や坂、峠といった境界線に現れるとされる。

稲荷神
日本全国にある稲荷神社で祀られている、穀物や商工業の神。朱色の鳥居と狐の像が神社のシンボルで、狐は稲荷神の使いとされる。

逢魔時
夕方の薄暗くなる、昼から夜に移り変わる時間。狭間となる時間から異界の扉が開かれ、妖怪や幽霊などが活発に動き始めるという。

鬼
もともとはお化け的なもの全般を指す言葉。時代が下って妖怪の種類が枝分かれし、力強くて怖い存在に洗練された。

鬼火
空中に浮かぶ謎の火の玉で、人間の怨念が火となったなどといわれる。狐が尾を打ち合わせて起こす、狐火などもある。

怨霊
自分が受けた仕打ちに対し、恨みをもった霊。怨霊も天狗になるとされ、崇徳上皇の怨霊は大天狗となって人間界を荒らしたという。

怪談
霊や死などに関する、怖さを感じさせる物語。現代では幽霊話が主流だが、もともとは妖怪話、怪奇現象に関する話なども含まれる。

幻獣
伝説の生き物のことで、近年よく使われる言葉。定義は特にないが、西洋系の神話や伝承に登場するモンスターを指すことが多い。

三大妖怪
日本を代表する妖怪、鬼、天狗、河童のこと。３体とも、ほぼ日本全国に伝承や昔話などが伝わっており、特徴も地域によって多様。

地獄
悪いことをした人の魂が送られる死後の世界。日本の仏教では、８つの地獄があり、閻魔大王や、その配下の鬼などがいる。

神通力
人知では計り知れない、神秘的で超人的な能力のこと。神仏から授けられる力、または神仏自体が使う能力である。

神話
自然現象や国の成り立ちなどを、神様や英雄の物語に結びつけたもの。怪物や巨人、幻獣などが登場することが多い。

瑞獣
古代中国で考えられた、よいことが起きるときに姿を現す伝説の生き物。九尾の狐も、もともと中国では、瑞獣であった。

精霊
自然の物や人工物などに宿るとされる霊的なもの。西洋の妖精も自然物の精霊だが、日本であてはめると妖怪の類になる。

節分

立春（毎年2月4日頃）の前日で、旧暦の大晦日の夜にあたる。邪鬼が訪れるとされ、それを払う、豆まきなどの行事が行われる。

祟り

神仏や霊が人間に災厄をもたらすこと。神様の使いである狐や蛇を害した場合に祟りがあり、このほか猫も人を祟る力があるという。

超常現象

現代科学では説明できない不思議な現象。科学が未発達な時代では、今よりも不思議と思えた現象は多く、それが妖怪の仕業とみなされた。

憑き物

人や動物、物などに霊が乗り移った状態。怨霊だけでなく、神様や妖怪なども取り憑く。狐憑きや犬神憑きなどがある。

付喪神

長い年月を経た道具に、魂が宿った妖怪の一種。動物でも草木でも道具でも、長生きしたものには精霊が宿り不思議な力をもつという。

都市伝説

現代に広まった、根拠があいまいな噂話。昔の妖怪も口伝えで広まった噂だが、明治時代以降、迷信とされ廃れていた時期がある。

毘沙門天

仏教を守護する四天王のひとりで、本来は多聞天という。日本では独自に信仰され、無病息災・財福の神として七福神にもなった。

百鬼夜行

深夜に妖怪たちが、群れをなして行進する様子。毎月決まった日＝夜行の日に、百鬼夜行があり、出会ってしまうと死ぬといわれた。

魔物

海外のモンスターを指す訳語。本来「魔」の字は仏教の魔神マーラのことで、転じて魔の物とは悪さをするもの、妖怪などを指した。

未確認生物

雪男など、噂はあるものの、生物学的に確認されていない未知の動物、UMA。河童やツチノコは、今もUMAに挙がることがある。

民俗学

昔からの言い伝えを元に、人々の暮らしの歴史を調べる学問。研究対象に妖怪も含まれ、妖怪という言葉もその学問の用語である。

民話

民衆の間で、口伝えで伝承されてきた物語のこと。昔話だけでなく、神話、伝説、世間話なども含まれ、妖怪が登場する話も多い。

物の怪

人間に取り憑いて苦しめる悪霊のこと。本来「モノ」とは、人間以外の存在すべてを指し、恐怖をなす怨霊や妖怪などが物の怪に含まれる。

山伏

山の中で修行し、自然の霊力を身につけようとする、修験道という宗教の修行者。鈴懸という服や、錫杖という杖などを身につける。

妖怪の地域差

妖怪は土地ごとに伝承が生まれるので、同じ妖怪でも地域で特徴や名前が異なる。全国で統一イメージになるのは後年のことだ。

もっと知りたい
妖怪データ

この本に登場した妖怪たちのデータを、50音順に紹介。掲載ページを参照して、その生態や戦いぶりを確認してみよう。

一反木綿
P.030・072

1反（約10.6m）の木綿布の姿をした妖怪。空高くをヒラヒラ飛び、急降下して人間の首に巻きついたり、口を覆ったりして命を奪おうとする。昔襲われた武士が、刀で布を斬りつけたところ手に血が残っていたという。

- 伝承地域 ▸▸▸ 鹿児島県
- 推定体長 ▸▸▸ 1060cm（1反）
- 出典 ▸▸▸ 『大隅肝属郡方言集』ほか

大蝦蟇
P.044・087

山中に棲む巨大なガマガエル。山口県の岩国山に住む大蝦蟇は、大きな口から虹色の気を吐いて、この気に触れた鳥や虫たちを口の中に吸い込んだという。また、手にもっていた槍で人を襲ったという説もある。

- 伝承地域 ▸▸▸ 山口県、新潟県ほか
- 推定体長 ▸▸▸ 400cm
- 出典 ▸▸▸ 『絵本百物語』『北越奇談』ほか

大天狗
P.049・090・113・125・131

鼻が高い赤ら顔で、翼で大空を飛び回る山の妖怪。神様並みに力が強い天狗を大天狗ともいい、高い神通力を誇る。羽団扇はこの大天狗だけがもつ道具で、あおいで火事や風雨などを自在に起こすことができる。

- 伝承地域 ▸▸▸ 北海道・沖縄県を除く各地域
- 推定体長 ▸▸▸ 250cm（高下駄なしで220cm）
- 出典 ▸▸▸ 『今昔物語集』『御伽草子』『妖怪玄談』ほか

大百足
P.078・108・124・131

滋賀県の三上山や、群馬県の赤城山（または男体山）にいた巨大なムカデ。三上山の大百足は山を7巻き半もするほどの長さを誇り、龍神一族が苦しめられていた。俵藤太という武士に、つばをつけた弓矢で退治された。

- 伝承地域 ▸▸▸ 滋賀県・群馬県・栃木県
- 推定体長 ▸▸▸ 10000cm
- 出典 ▸▸▸ 『俵藤太絵巻』『今昔物語集』ほか

河童
P.031・072・105

川や池などに棲む妖怪。キュウリと相撲が好きで、全身の色は緑色か茶色をしている。一般的には頭に皿、背中に甲羅がある亀のような姿が有名だが、全身が毛に覆われた猿のような姿の河童もいる。

- 伝承地域 ▸▸▸ 沖縄県を除く各地域
- 推定体長 ▸▸▸ 約60～140cm
- 出典 ▸▸▸ 『遠野物語』ほか

鎌鼬
P.022・064・101

旋風に乗って現れる妖怪。人を切りつけて切り傷をつけるが、傷口から出血はしない。信越地方の鎌鼬は3人組の悪神で、最初の神が人を倒し、次の神が刃物で切り、最後の神が傷に薬をつけるという。

- 伝承地域 ▸▸▸ 東北、関東、中部
- 推定体長 ▸▸▸ 約20～50cm
- 出典 ▸▸▸ 『古今百物語評判』『耳嚢』『画図百鬼夜行』ほか

牛鬼 P.073・105・121

伝承地域 ▸▸▸ 中部・近畿・中国・四国
推定体長 ▸▸▸ 500cm（人間体は160cm）
出典 ▸▸▸ 『画図百鬼夜行』『大事記』『妖怪談義』ほか

牛の頭で、鬼の胴体をした鬼の仲間。地域によって姿形が異なり、島根県の石見では、牛の角をした鬼の顔に、蜘蛛の胴体をしている。人間を喰い殺したり、病気にしたり、影をなめて命を奪うなど、残忍な鬼である。

九尾の狐 P.086・112・125

伝承地域 ▸▸▸ 京都府、栃木県
推定体長 ▸▸▸ 500～600cm（人間体は160cm）
出典 ▸▸▸ 『絵本三国妖婦伝』『御伽草子』『殺生石』ほか

９本の尻尾をもつ妖狐。玉藻前という美女に化け、鳥羽上皇に近づき病気にしたという。その正体を陰陽師に見抜かれ、栃木県那須まで逃亡。成敗され死んでもなお、殺生石という毒石になって、近づく動物の命を奪った。

覚 P.048・090

伝承地域 ▸▸▸ 長野県、岐阜県
推定体長 ▸▸▸ 170cm
出典 ▸▸▸ 『荊楚歳時記』『今昔画図百鬼』ほか

人間の心を読む、山の妖怪。猟師や木こりが山小屋で火を焚いていると現れ、隙を見て取って喰おうとする。しかし人が囲炉裏に薪をくべたとき、偶然それが覚にぶつかると、「人間は思わぬことをする」と言って逃げた。

酒呑童子（鬼） P.068・104・121・130

伝承地域 ▸▸▸ 新潟県・滋賀県・京都府
推定体長 ▸▸▸ 500cm
出典 ▸▸▸ 『御伽草子』『大江山』『大江山酒呑童子絵巻』ほか

京都の大江山に棲む鬼。多くの手下を従え、京の町から人をさらうなどの悪事を働いていた。天皇の命を受けた 源 頼光と四天王は、酒呑童子のアジトに潜り込み、童子に毒入りの酒を飲ませて、寝た隙に退治した。

土蜘蛛 P.091・113

伝承地域 ▸▸▸ 京都府、奈良県
推定体長 ▸▸▸ 700～800cm
出典 ▸▸▸ 『平家物語』『土蜘蛛草紙』ほか

人間を喰らう巨大な蜘蛛の妖怪。 源 頼光が病気で寝ていたところ、僧侶に化けて襲いかかってきた。頼光は名刀・膝丸で斬りつけ、さらにその血痕を追って土蜘蛛を退治した。別の物語では、幻術で頼光を惑わしている。

手長足長 P.040・082・109

伝承地域 ▸▸▸ 東北・中部・九州
推定体長 ▸▸▸ 4000cm（合体して）
出典 ▸▸▸ 『大日本国一宮記』『手長足長図』ほか

手が異常に長い手長と、足が異常に長い足長という巨人のふたり組。福島県の会津若松に現れた手長足長は、空を雲でおおうなどの悪事をしていた。弘法大師に封印されるが、その山がのちの磐梯山だったという。

鵺

P.023・064

猿の顔、狸の胴、虎の手足、尾は蛇という姿をした妖怪。二条天皇の頃、その鳴き声に恐怖した天皇が病気がちになった。そして命令を受けた源義政は黒雲に弓を放って、怪物を射ち落とし、すかさずとどめを刺した。

伝承地域 ▸▸▸ 京都府
推定体長 ▸▸▸ 180cm
出典 ▸▸▸ 『平家物語』『摂津名所図絵』ほか

濡れ女

P.041・082

女性の顔に、海蛇のような体をした海の妖怪。体が長いので、濡れ女に見つかったら最後、決して逃げることはできないという。島根県石見の濡れ女は、赤ん坊を抱えた普通の女性で、牛鬼とセットで出現するという。

伝承地域 ▸▸▸ 島根県
推定体長 ▸▸▸ 8000cm（上半身は1000cm）
出典 ▸▸▸ 『百怪絵巻』『画図百鬼夜行』ほか

化け猫

P.018・061・100

猫が化けた妖怪で、飼い主の怨念が宿ったり、惨殺された猫自身の祟りから化けたりすることが多い。夜中に行灯の油をなめる習性がある。また、長年生きた猫が妖怪化し、尻尾が2つに分かれる「猫又」という種類もいる。

伝承地域 ▸▸▸ 北海道を除く各地域
推定体長 ▸▸▸ 約30～120cm
出典 ▸▸▸ 『花嵯峨野猫魔碑史』『有松染相撲浴衣』ほか

ハンザキ

P.036・079

岡山県に伝わる、巨大なオオサンショウウオの妖怪。村の勇敢な若者が、お腹の中から切り裂いて退治した。しかしハンザキの祟りによってその家族が全員病死したため、ハンザキを祀って、怒りを鎮めたという。

伝承地域 ▸▸▸ 岡山県
推定体長 ▸▸▸ 約800～1000cm
出典 ▸▸▸ 岡山県北部地方の民間伝承

狒々

P.045・087・112

体中毛むくじゃらで、猿を大きくしたような獰猛な性格の妖怪。人間を見ると大笑いし、唇がめくれて目までおおってしまうという。また、風雲を起こしたり、走るのが速いなどの特徴がある。人間の女性をよくさらう。

伝承地域 ▸▸▸ 長野県、岐阜県、静岡県、岡山県 ほか
推定体長 ▸▸▸ 300cm
出典 ▸▸▸ 『妖怪談義』『和漢三才図会』ほか

夜行さん

P.027・069

大晦日、節分など決まった日の夜に現れる一つ目の鬼。首なし馬に乗って徘徊し、遭遇した人を投げ飛ばしたり、蹴り飛ばしたりする。運悪く遭遇した人は、草履を頭に乗せて地面に伏せるとやり過ごせる。

伝承地域 ▸▸▸ 徳島県
推定体長 ▸▸▸ 一つ目鬼：170cm
出典 ▸▸▸ 『妖怪談義』民間伝承ほか

八岐大蛇

P.065・101・120・130

伝承地域 ▸▸▸ 島根県
推定体長 ▸▸▸ 15000cm
出典 ▸▸▸ 『日本書紀』ほか

日本神話に登場する大蛇の妖怪。８つの頭、８本の尻尾をもっており、８つの丘、８つの谷をまたぐほどの大きさを誇る。毒の酒を飲んで眠ったところをスサノオに退治され、尻尾から天叢雲剣という剣が出てきた。

山姥

P.037・079・108

伝承地域 ▸▸▸ 北海道、沖縄県を除く各地域
推定体長 ▸▸▸ 約150cm
出典 ▸▸▸ 『妖怪談義』『三枚のお札』ほか

山奥に住む老女の妖怪。道に迷った旅人を家に泊まらせてあげるが、寝た隙に食べてしまう残忍な性格をしている。一方で、福を授けたりする山神のような山姥もいる。あの金太郎の母親も山姥だったという伝承もある。

雪女

P.060・100・120

伝承地域 ▸▸▸ 東北・関東・中部・近畿 ほか
推定体長 ▸▸▸ 160cm
出典 ▸▸▸ 『宗祇諸国物語』『怪談』ほか

吹雪の夜に現れる女性の妖怪。人間を凍死させたり、人間の精気を奪ったり、子どもの生肝を抜き去ったりする。子どもを抱いてくれと頼み、その子どもがどんどん重くなって、雪に埋もれさせて殺す伝承などもある。

龍神

P.083・109・124

伝承地域 ▸▸▸ 全国各地
推定体長 ▸▸▸ 5000cm
出典 ▸▸▸ 『和漢三才図会』ほか

湖や海などに棲む水の神、妖怪で、日照りが続くと、人々は雨乞いなどでお願いした。鳴き声とともに雷雲と嵐を呼び、天に昇る。また、龍の顎の下には逆鱗という鱗があり、ここに触れた者を怒って殺すという。

両面宿儺

P.026・069・104

伝承地域 ▸▸▸ 岐阜県
推定体長 ▸▸▸ 300cm
出典 ▸▸▸ 『日本書紀』『千光寺記』ほか

仁徳天皇の時代に、岐阜県に現れた鬼神。ひとつの胴体にふたつの顔、４本の手足がそれぞれ反対側に向いてついている。力強くすばしっこく、剣や斧、弓矢などを用いた。地元では龍を倒したなど、英雄のようにも伝わる。

輪入道

P.019・061

伝承地域 ▸▸▸ 京都府
推定体長 ▸▸▸ 150cm
出典 ▸▸▸ 『今昔画図続百鬼』『諸国百物語』ほか

炎に包まれた牛車の車輪に、男性の顔がついている妖怪。自分の姿を見た者の魂を抜いてしまうといわれている。しかし、「此所勝母の里」と書いた紙を家の戸に貼っておくと、輪入道は近づくことができない。

エキシビジョン

イクチ P.053、094

海坊主 P.052、094

ダイダラボッチ P.095

コラム

一目連 P.034
ヴァンパイア P.117

お岩さん P.076
狼男 P.117

お菊さん P.076
おばりょん P.056

から傘お化け P.057
キュクロープス P.129

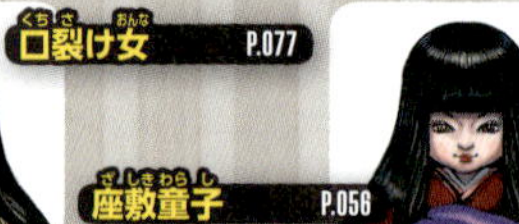

口裂け女 P.077
座敷童子 P.056

人面犬 P.077
砂かけババ P.035

スフィンクス P.128
セイレーン P.116

ゾンビ P.117
テケテケ P.077

豆腐小僧 P.057
ドラゴン P.116

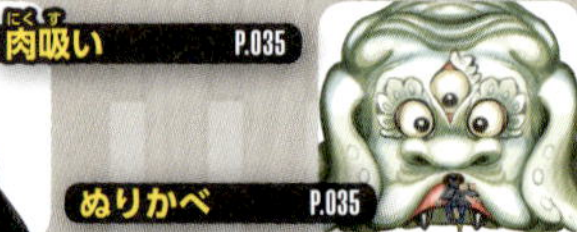
肉吸い P.035
ぬりかべ P.035

一つ目小僧 P.057
フランケンシュタイン・モンスター P.117

鳳凰 P.128
ミノタウロス P.129

メデューサ P.129
ユニコーン P.129

雷獣 P.034
ろくろ首 P.057

『画図百鬼夜行』
著 鳥山石燕（国書刊行会）

『妖怪談義』
著 柳田國男（講談社）

『日本伝奇伝説大事典』
角川書店

『妖怪事典』
著 村上健司（毎日新聞社）

『幻想世界の住人たちⅢ＜中国編＞』
著 篠田耕一（新紀元社）

『幻想世界の住人たちⅣ＜日本編＞』
著 多田克己（新紀元社）

『百鬼解読』
著 多田克己、イラスト 京極夏彦（講談社）

『図説　日本妖怪大全』
著 水木しげる（講談社）

『日本怪異妖怪大事典』
監修 小松和彦（東京堂出版）

『にっぽん妖怪大図鑑』
監修 常光徹（ポプラ社）

『妖怪の本―異界の闇に蠢く百鬼夜行の伝説』
（学研）

『日本の妖怪完全ビジュアルガイド』
著 小松和彦、著 飯倉義之（カンゼン）

『妖怪ウォーカー』
著 村上健司（角川書店）

※そのほか、多くの書籍、論文、Webサイト、新聞記事、映像を参考にさせていただいております。

【監修】
多田克己（ただ かつみ）

1961年、東京都に生まれる。長年にわたり妖怪を研究し、執筆活動や講演を行っている。世界妖怪協会・世界妖怪会議評議員。
『百鬼解読』（絵・京極夏彦、講談社）、『妖怪馬鹿』（共著・京極夏彦／村上健司、新潮社）、『妖怪図巻』（共著・京極夏彦、国書刊行会）、『絵本・百物語』（国書刊行会）、『江戸妖怪かるた』（国書刊行会）、『幻想世界の住人たちⅣ〈日本編〉』（新紀元社）など、妖怪関連の編著多数。

妖怪最強王図鑑

2018年1月9日　第1刷発行
2024年12月10日　第30刷発行

監　修　多田克己
発行人　川畑 勝
編集人　芳賀靖彦
企画・編集　目黒哲也
発行所　株式会社Gakken
〒141-8416
東京都品川区西五反田2－11－8
印刷所　中央精版印刷株式会社

編集・構成　株式会社ライブ
齊藤秀夫、花倉渚
イラスト　なんばきび
ライティング　佐泥佐斯乃
デザイン　黒川篤史（CROWARTS）
DTP　株式会社ライブ
編集協力　高木直子、土佐七海
妖怪シルエット　松岡正記
イラスト着色協力　真平

●お客様へ

【この本に関する各種お問い合わせ先】
○本の内容については、下記サイトのお問い合わせフォームよりお願いいたします。
https://www.corp-gakken.co.jp/contact
○在庫については、tel03-6431-1197(販売部)
○不良品（落丁・乱丁）については、tel0570-000577
学研業務センター
〒354-0045　埼玉県入間郡三芳町上富279-1
○上記以外のお問い合わせは
Tel0570-056-710(学研グループ総合案内)

学研の書籍・雑誌についての新刊情報・詳細情報は、下記をご覧ください。
学研出版サイト https://hon.gakken.jp/